Ibrahim El Baba

Contributions numériques en CEM impulsionnelle

Ibrahim El Baba

Contributions numériques en CEM impulsionnelle

Paradigme pour la caractérisation temporelle d'équipements

Presses Académiques Francophones

Mentions légales / Imprint (applicable pour l'Allemagne seulement / only for Germany)
Information bibliographique publiée par la Deutsche Nationalbibliothek: La Deutsche Nationalbibliothek inscrit cette publication à la Deutsche Nationalbibliografie; des données bibliographiques détaillées sont disponibles sur internet à l'adresse http://dnb.d-nb.de.
Toutes marques et noms de produits mentionnés dans ce livre demeurent sous la protection des marques, des marques déposées et des brevets, et sont des marques ou des marques déposées de leurs détenteurs respectifs. L'utilisation des marques, noms de produits, noms communs, noms commerciaux, descriptions de produits, etc, même sans qu'ils soient mentionnés de façon particulière dans ce livre ne signifie en aucune façon que ces noms peuvent être utilisés sans restriction à l'égard de la législation pour la protection des marques et des marques déposées et pourraient donc être utilisés par quiconque.

Photo de la couverture: www.ingimage.com

Editeur: Presses Académiques Francophones est une marque déposée de
Südwestdeutscher Verlag für Hochschulschriften GmbH & Co. KG
Heinrich-Böcking-Str. 6-8, 66121 Sarrebruck, Allemagne
Téléphone +49 681 37 20 271-1, Fax +49 681 37 20 271-0
Email: info@presses-academiques.com

Produit en Allemagne:
Schaltungsdienst Lange o.H.G., Berlin
Books on Demand GmbH, Norderstedt
Reha GmbH, Saarbrücken
Amazon Distribution GmbH, Leipzig
ISBN: 978-3-8381-8921-5

Imprint (only for USA, GB)
Bibliographic information published by the Deutsche Nationalbibliothek: The Deutsche Nationalbibliothek lists this publication in the Deutsche Nationalbibliografie; detailed bibliographic data are available in the Internet at http://dnb.d-nb.de.
Any brand names and product names mentioned in this book are subject to trademark, brand or patent protection and are trademarks or registered trademarks of their respective holders. The use of brand names, product names, common names, trade names, product descriptions etc. even without a particular marking in this works is in no way to be construed to mean that such names may be regarded as unrestricted in respect of trademark and brand protection legislation and could thus be used by anyone.

Cover image: www.ingimage.com

Publisher: Presses Académiques Francophones is an imprint of the publishing house
Südwestdeutscher Verlag für Hochschulschriften GmbH & Co. KG
Heinrich-Böcking-Str. 6-8, 66121 Saarbrücken, Germany
Phone +49 681 37 20 271-1, Fax +49 681 37 20 271-0
Email: info@presses-academiques.com

Printed in the U.S.A.
Printed in the U.K. by (see last page)
ISBN: 978-3-8381-8921-5

À mes parents Mohamad et Wafaa
À ma femme Farah
À mon frère Moustapha
À ma sœur Sarah

Remerciements

Je tiens tout d'abord à exprimer ma gratitude et sincère reconnaissance à M. Pierre Bonnet HDR à l'université Blaise-Pascal, et à M. Sébastien Lalléchère maître de conférences à l'université Blaise-Pascal, pour m'avoir dirigé et co-encadré ces travaux de recherche. Je les remercie tous les deux pour m'avoir fait bénéficier de leurs compétences et de leurs conseils.

Je remercie également toute l'équipe du laboratoire LASMEA (Institut Pascal actuellement) pour m'avoir permis de réaliser ces travaux dans les meilleures conditions de travail.

J'exprime une très profonde gratitude à ma famille et en particulier à mes parents et à ma femme pour m'avoir soutenu, depuis le Liban. Je sais les sacrifices que ces longues années ont représenté et je les remercie d'avoir appuyé mes choix et d'avoir toujours su m'encourager.

Pour leur bonne humeur au quotidien, j'adresse un grand merci à l'ensemble des permanents, doctorants et stagiaires que j'ai côtoyé durant ces années, anciens comme nouveaux, qui ont contribué à la bonne ambiance des journées au labo. Toutes mes excuses à ceux que j'aurais oubliés.

Résumé

Le travail présenté dans ce manuscrit concerne la mise en œuvre numérique de techniques temporelles pour des applications en compatibilité électromagnétique (CEM) impulsionnelle, essentiellement pour des études en chambre réverbérante à brassage de modes (CRBM). Prenant le contre-pied des approches fréquentielles, adaptées par nature aux études de cavités résonantes, l'idée directrice de ce mémoire a été d'étudier des moyens temporels originaux d'investigation de CRBM en vue de proposer de nouveaux paradigmes pour la caractérisation d'équipements.

Originellement développé en acoustique, le processus de retournement temporel (RT) récemment appliqué aux ondes électromagnétiques permet une focalisation spatiale et temporelle de ces dernières d'autant meilleur que le milieu de propagation est réverbérant. Les chambres réverbérantes (CR) sont ainsi des endroits idéaux pour l'application du processus de RT. Après une nécessaire étude des nombreux paramètres qui gouvernent ce dernier couplée à la définition de méthodologies numériques spécifiques, les applications du RT en CRBM sont exposées. En particulier, l'intérêt d'une focalisation sélective pour des tests en susceptibilité rayonnée est démontré.

L'importance des coefficients d'absorption et de diffraction des équipements en CRBM justifie leur caractérisation précise et efficace. À cette fin, la mise en œuvre d'un calcul temporel de section efficace totale de diffraction (TSCS en anglais) est détaillée.

L'application de cette nouvelle technique à différentes formes de brasseurs de modes permet au final de confronter ces résultats avec ceux obtenus à l'aide de tests normatifs CEM.

Mots clés : Compatibilité électromagnétique (CEM), chambre réverbérante à brassage de modes (CRBM), retournement temporel (RT), focalisation spatio-temporelle, susceptibilité rayonnée pulsée, section efficace totale de diffraction (TSCS en anglais).

Table des matières

Glossaire

ABC   en anglais : Absorbing Boundary Condition

ACS   en anglais : Absorption Cross Section

CA   Chambre Anechoique

CDF   en anglais : Cumulative Density Function

CEM   Compatibilité ElectroMagnétique

CR   Chambre Réverbérante

CRBM   Chambre Réverbérante à Brassage de Modes

CRT   Cavité à Retournement Temporel

DC   Domaine de Calcul

DORT   Décomposition de l'Operateur de Retournement Temporel

DR   Diagramme de Rayonnement

EST   Equipement Sous Test

FDTD   en anglais : Finite Difference Time Domain

FIT   en anglais : Finite Integration Technique

MRT   Miroir à Retournement Temporel

ORT   Opérateur de Retournement Temporel

PDF   en anglais : Probability Density Function

PEC   en anglais : Perfect Electric Conductor

PMC   en anglais : Perfect Magnetic Conductor

PML   en anglais : Perfect Matched Layer

RT   Retournement Temporel

SCS   en anglais : Scattering Cross Section

SE   en anglais : Shielding Effectiveness

SER   Surface Efficace Radar

SR   Susceptibilité Rayonnée

SSB   Signal Sur Bruit

SVD   en anglais : Singular Value Decomposition

TSCS   en anglais : Total Scattering Cross Section

VA   Variable Aléatoire

VU   Volume Utile

Introduction

La Compatibilité ElectroMagnétique (CEM) est la branche de l'électromagnétisme qui étudie la génération, la propagation et la réception invo-
lontaire de l'énergie électromagnétique en référence aux effets indésirables
(interférence électromagnétique) que cette énergie peut induire. En plein
essor depuis 1996, date de mise en application obligatoire de la directive
89/336/CEE [1] concernant la compatibilité électromagnétique (impropre-
ment appelée normes CE) en Europe, et depuis bien plus longtemps encore
aux États-Unis, la CEM occupe une place de plus en plus importante.

La plupart des équipements électriques ou électroniques peuvent être considérés comme des sources de parasites car (ils/elles) génèrent des perturbations électromagnétiques qui polluent l'environnement et perturbent parfois le fonctionnement d'autres équipements (victimes). La CEM est la
capacité d'un dispositif, équipement ou système à fonctionner dans son
environnement électromagnétique de façon satisfaisante et sans introduire
lui même de perturbations électromagnétiques intolérables pour quoi que
ce soit dans cet environnement. La CEM vise donc au contrôle de l'environnement électromagnétique d'équipements électroniques, et a pour but
de caractériser un matériel donné vis-à-vis de sources de perturbations.
Afin d'atteindre cet objectif, différentes problématiques sont étudiées en
CEM. Premièrement, la CEM traite les problèmes d'émissions liés à la
génération indésirable d'énergie électromagnétique par une source (i.e.
composant électronique). Des contre-mesures devraient être prises afin de
réduire la génération de telles perturbations et éviter la fuite de ces der-

nières dans l'environnement externe. Pour vérifier que le niveau de perturbation ne dépasse pas un seuil défini par les normes, nous mesurons les champs électrique et/ou magnétique rayonnés à une certaine distance dans le cas d'émissions électromagnétiques, la tension et/ou l'intensité du courant dans le cas des perturbations conduites. Deuxièmement, pour les problèmes de susceptibilité ou d'immunité, on se réfère au bon fonctionnement de l'équipement électrique en présence de perturbations électromagnétiques. Dans les tests, des perturbations (en mode conduit et en mode rayonné) sont ainsi injectées sur un appareil et son bon fonctionnement est vérifié. Troisièmement, pour les interférences et les couplages électromagnétiques, des solutions CEM sont obtenues principalement en s'attaquant à la fois aux émissions et aux questions de vulnérabilité, c'est à dire en minimisant les sources d'interférences et le durcissement des victimes potentielles (blindage par exemple).

Une large variété de moyens d'essais existent en CEM, parmi ces derniers figurent les Chambres Anéchoïques (CA) [15] et les Chambres Réverbérantes à Brassage de Modes (CRBM) [14]. La CA est une cavité qui reproduit l'espace libre, c'est une chambre dont les parois sont recouvertes de carreaux de ferrite et/ou de pyramides de mousse de polyuréthane chargées d'un complexe à base de carbone, absorbant les ondes électromagnétiques et empêchant leur réverbération. Le deuxième moyen évoqué ici (CRBM) a connu une popularité grandissante ces vingt dernières années grâce à sa capacité à fournir un champ électromagnétique statistiquement uniforme et homogène sur un domaine de test relativement important (appelé Volume Utile : VU). En outre des hauts niveaux de champs peuvent être générés en Chambre Réverbérante (CR) pour des niveaux de puissance injectée relativement faibles. Une distribution statistiquement uniforme et homogène en CRBM du champ signifie qu'une même part d'énergie agresse l'Equipement Sous Test (EST) de toutes les directions et avec une infinité de polarisations. L'inconvénient de la CA concerne la forte puissance injectée imposée, donc des amplificateurs puissants sont nécessaires, en plus du coût élevé des absorbants. Au contraire, relativement au cas CA, la puissance injectée en CRBM est faible.

Les études en CRBM sont essentiellement menées dans le domaine fréquentiel (les normes et les matériels d'expérimentations imposent majoritairement des études harmoniques). Le but de ces travaux consiste à développer et illustrer l'intérêt de techniques temporelles pour des études CEM en CR. Les améliorations visées dans ces travaux concernent dans un premier temps l'utilisation du processus de Retournement Temporel (RT) [24]. Basée sur le principe de réciprocité, le RT est une technique qui permet de focaliser un champ en temps et en espace. Récemment, elle a été appliqué en électromagnétisme [28]. En théorie, de meilleurs résultats sont attendus pour des expériences de RT menées dans des environnements fortement diffractants ou réverbérants. En effet, différentes études en acoustique [38] et électromagnétisme [39] ont vérifié combien les CR peuvent fournir un environnement adéquat pour le RT. L'un des principaux avantages des CRBM est d'assurer une illumination de l'EST la plus pénalisante possible. Paradoxalement, cet avantage peut être considéré comme un inconvénient puisque, dans ce cas il devient impossible de connaître précisément les caractéristiques de l'excitation électromagnétique. En appliquant la technique de RT, d'une part, des études récentes [47,46] ont démontré comment on peut tirer profit de la re-focalisation afin de contrôler l'incidence et la polarisation de l'onde agressant l'EST. D'autre part, pour une même puissance d'entrée la contribution attendue par le RT consiste à augmenter les niveaux de champs réalisables en CRBM. Ces applications prometteuses du RT justifient de caractériser celui-ci en CRBM.

Ainsi, après la caractérisation de la technique de RT, et l'illustration des méthodologies numériques retenues, un de nos principaux apports concerne l'introduction d'une nouvelle méthode pour effectuer des tests de susceptibilité rayonnée via le RT et la focalisation sélective pulsée. En effet, pour

17

un équipement réel présentant une structuration complexe, il est souvent admis pour les tests CEM de réaliser un traitement "morcelé" du problème en décomposant l'EST en différentes parties. Ces dernières peuvent faire l'objet de tests mettant en œuvre différents moyens d'essais. Naturellement, le fonctionnement réel de l'équipement nécessite son assemblage complet et le traitement précédent peut introduire des biais. Il est toutefois rarement possible de pouvoir tester l'intégralité de l'équipement tant sa complexité peut entraîner des besoins spécifiques, notamment en termes de niveaux de champs électromagnétiques ou de formes d'ondes. Dans ce sens, il peut s'avérer complexe, voire destructeur, de soumettre l'équipement dans son ensemble à une même impulsion (type onde plane en CA et/ou dans le volume utile d'une CRBM par exemple). Ainsi, la mise en œuvre de la focalisation sélective nous a permis d'illuminer une partie de l'EST par une impulsion de champ dont le niveau est relativement élevé tout en garantissant que le reste du système est agressé par des niveaux plus faibles.

La deuxième principale contribution concerne la caractérisation d'objet en CR via le calcul du critère de la section efficace totale de diffraction (en anglais : Total Scattering Cross Section, TSCS). Ce critère sera déterminé à partir de simulations temporelles. Le calcul de la TSCS en espace libre (CA) [57] nécessite un nombre élevé d'ondes planes afin de couvrir toutes les polarisations et les directions des ondes planes illuminant l'objet. Cette nouvelle technique [61] va nous permettre de bénéficier de l'environnement réverbérant de la CR pour calculer la TSCS à partir de quelques simulations.

Dans ce livre, l'application du RT et le calcul de la TSCS sont effectués numériquement afin de faciliter leurs caractérisations dans différentes configurations. Ce manuscrit est divisé en deux parties, dans la première, le positionnement de mes travaux dans le cadre des analyses existantes est exposé. Nous présentons également les objectifs attendus à travers le dé-

18

veloppements de techniques originales en CEM pulsée.

Dans le premier chapitre de cette partie, après avoir présenté les équations en électromagnétisme et les méthodes utilisées pour résoudre numériquement ces équations, la CEM et le fonctionnement de la CRBM sont détaillés. Enfin, dans ce chapitre un état de l'art et les bases de la technique du RT sont détaillés.

Le deuxième chapitre illustre les principes théoriques et les méthodologies utilisées dans cette étude, ce chapitre est composé de deux grandes sections. Au cours de la première section, on évoquera la différence entre RT et conjugué de phase et l'application de cette technique de RT aux ondes électromagnétiques ainsi que ses fondements mathématiques. La focalisation spatio-temporelle ainsi que la possibilité de contrôler la directivité et la polarisation de l'onde dans une CR sont étudiées. On présente évidemment l'utilité de cette technique pour plusieurs domaines d'applications. Dans la deuxième section, les principes théoriques du calcul de la TSCS en espace libre sont détaillés. On s'intéressera également à la valeur ajoutée par la nouvelle méthode de calcul de la TSCS en CR en termes de temps de simulation et de précision. Finalement, les caractéristiques de fonctionnement d'une CRBM sont comparées avec celles de la CA où nous justifions l'intérêt de notre apport pour des applications CEM en CRBM.

Après avoir rappelé les fondements théoriques, la deuxième partie de ce manuscrit présente des outils avancés pour des applications en CEM. Ainsi le troisième chapitre propose une étude numérique concernant les différents paramètres influents de la focalisation par RT (en espace libre ou en CR). On note l'importance du milieu réverbérant pour le processus de RT et on vérifie la robustesse de ce dernier envers le bruit de mesure. D'une manière identique, une étude numérique sur le calcul de la TSCS en CR a été effectuée et les résultats ont été validés par des comparaisons avec des données issues des simulations en espace libre.

Le dernier chapitre est dédié à des applications CEM en CRBM. Ces dernières concernent plusieurs exemples de focalisations sélectives et des tests de susceptibilités impulsives. Finalement, différentes formes de brasseurs sont caractérisées via le calcul de leurs TSCS. Une classification basée sur le pouvoir diffractant de ces différents brasseurs est menée, et cette dernière est confrontée aux résultats issus de tests CEM normatifs.

Première partie

Positionnement des travaux et illustration des objectifs visés

Chapitre 1

De l'utilisation des ondes électromagnétiques pour le retournement temporel en CEM

Cette partie a pour but de présenter le cadre de l'étude réalisée au LASMEA (LAboratoire des Sciences et Matériaux pour l'Electronique et d'Automatique, Clermont Université). Après un bref rappel des lois essentielles régissant le comportement des champs électromagnétiques, ce premier chapitre présentera les différentes formulations des équations de Maxwell et permettera de dégager les bases des techniques des différences finies dans le domaine temporel, et d'exposer la théorie des chambres réverbérantes. Une partie sera consacrée à la présentation du logiciel commercial CST MICROWAVE STUDIO® qui sera utilisé dans le dernier chapitre de ce manuscrit.

Ensuite, un nouveau paradigme pour effectuer des tests de susceptibilité impulsive via le processus de RT sera introduit. On évoquera dans un premier temps les bases du RT et les différents outils nécessaires pour l'application d'une telle technique, suivi par l'application de ce processus aux ondes électromagnétiques.

1.1 Équations de Maxwell en électromagnétisme

Au cours des XVIIIme et XIXme siècles, l'électromagnétisme a fait l'objet de nombreuses recherches expérimentales et théoriques qui ont abouti à de nombreuses lois spécifiques. En 1865, Maxwell compléta les travaux d'Ampère et de Faraday et établit un ensemble cohérent d'équations différentielles pour les champs électrique **E** et magnétique **H**. Les équations de Maxwell constituent alors les postulats élémentaires de l'électromagnétisme, permettant une description globale du comportement des champs électrique et magnétique.

Ainsi, Les phénomènes électromagnétiques dans un milieu quelconque sont déterminés par les densités de charges et de courants, et le champ électromagnétique. En tout point $\mathbf{r}(x, y, z)$, et à l'instant t, ce dernier est déterminé par quatre champs vectoriels :

– un champ électrique $\mathbf{E}(\mathbf{r}, t)$ en V/m,
– un champ magnétique $\mathbf{H}(\mathbf{r}, t)$ en A/m,
– une induction électrique $\mathbf{D}(\mathbf{r}, t)$ en C/m^2,
– une induction magnétique $\mathbf{B}(\mathbf{r}, t)$ en T.

Ces différentes grandeurs vérifient les équations de Maxwell décrites par le système d'équations aux dérivées partielles suivant :

– Loi de Faraday :

$$\mathbf{rot}\,\mathbf{E} + \frac{\partial \mathbf{B}}{\partial t} = 0 \qquad (1.1)$$

24

– Loi d'Ampère :

$$\mathbf{rot\ H} - \frac{\partial \mathbf{D}}{\partial t} = \mathbf{J} \qquad (1.2)$$

– Loi de Gauss électrique :

$$div(\mathbf{D}) = \rho \qquad (1.3)$$

– Loi de Gauss magnétique :

$$div(\mathbf{B}) = 0 \qquad (1.4)$$

À partir des ces équations, nous pouvons montrer que les densités de charge ρ (en C/m^3) et de courant électrique $\mathbf{J}$ (en A/m^2) sont liées par l'équation suivante :

$$div(\mathbf{J}) + \frac{\partial \rho}{\partial t} = 0 \qquad (1.5)$$

La prise en compte des lois de comportement des matériaux ou lois constitutives permet de relier les champs aux inductions. Il est également possible d'associer la densité de courant électrique au champ électrique grâce à la loi d'Ohm. Ainsi, les milieux linéaires sont caractérisés par 3 fonctions ϵ, μ et σ dépendant de l'espace, telles que :

$$\mathbf{D} = \epsilon \mathbf{E} \qquad (1.6)$$

$$\mathbf{B} = \mu \mathbf{H} \qquad (1.7)$$

$$\mathbf{J} = \sigma \mathbf{E} \qquad (1.8)$$

avec ϵ la permittivité électrique du milieu (en F/m), μ la perméabilité magnétique (en H/m) et σ la conductivité électrique (en S/m).

Généralement, aux deux premiers paramètres on préfère utiliser une permittivité électrique ϵ_r et une perméabilité magnétique μ_r relatives :

$$\epsilon = \epsilon_0 \epsilon_r \qquad (1.9)$$

$$\mu = \mu_0 \mu_r \qquad (1.10)$$

où ϵ_0 et μ_0 correspondent respectivement à la permittivité et la perméabilité du vide :

$$\epsilon_0 = \frac{1}{36\pi} 10^{-9} \; F/m \qquad (1.11)$$

$$\mu_0 = 4\pi 10^{-7} \; H/m \qquad (1.12)$$

Ces coefficients permettent de calculer directement la vitesse de propagation υ (en m/s) dans le milieu. En effet, dans le cas d'un milieu non conducteur par exemple, nous avons :

$$\upsilon = \frac{1}{\sqrt{\epsilon\mu}} \qquad (1.13)$$

En insérant les formules (1.6) et (1.8) dans la loi d'Ampère (1.2), nous obtenons :

$$\mathbf{rot}\,\mathbf{H} = \sigma\mathbf{E} + \epsilon\frac{\partial\mathbf{E}}{\partial t} \qquad (1.14)$$

où le terme $\epsilon\frac{\partial E}{\partial t}$ est la densité de courant de déplacement.

À l'heure actuelle et dans la majorité des cas, la résolution des équations de Maxwell n'est pas immédiate et nécessite l'utilisation de méthodes numériques. Dans la partie suivante de ce chapitre, nous allons présenter les outils numériques de simulation utilisés au cours de cette thèse.

1.2 Outils numériques de simulation utilisés

L'équipe CEM du LASMEA est reconnue dans les modélisations des chambres réverbérantes [2,3,4,5] notamment par la méthode des différences finies dans le domaine temporel (en anglais : Finite Difference Time Domain, FDTD) [6]. Dans cette partie, on va présenter les outils numériques utilisés pour les simulations dans ce manuscrit qui sont la méthode FDTD et le logiciel CST MICROWAVE STUDIO®.

1.2.1 Présentation de la méthode FDTD

La méthode des différences finies dans le domaine temporel est l'une des premières techniques employée pour résoudre numériquement les équations de Maxwell [7], elle permet la modélisation des phénomènes de propagation et d'interaction des ondes électromagnétiques dans un milieu quelconque en présence d'obstacles conducteurs et/ou diélectriques qui peuvent être homogènes ou non-homogènes.

1.2.1.1 Principe de la méthode

À partir des équations de Maxwell (1.1, 1.14) projetées dans un système de coordonnées cartésiennes, on obtient le système d'équations suivant :

$$\frac{\partial H_x}{\partial t} = \frac{1}{\mu} \left(\frac{\partial E_y}{\partial z} - \frac{\partial E_z}{\partial y} \right) \tag{1.15}$$

$$\frac{\partial H_y}{\partial t} = \frac{1}{\mu} \left(\frac{\partial E_z}{\partial x} - \frac{\partial E_x}{\partial z} \right) \tag{1.16}$$

$$\frac{\partial H_z}{\partial t} = \frac{1}{\mu} \left(\frac{\partial E_x}{\partial y} - \frac{\partial E_y}{\partial x} \right) \tag{1.17}$$

$$\frac{\partial E_x}{\partial t} = \frac{1}{\epsilon} \left(\frac{\partial H_z}{\partial y} - \frac{\partial H_y}{\partial z} - \sigma E_x \right) \tag{1.18}$$

27

$$\frac{\partial E_y}{\partial t} = \frac{1}{\epsilon}\left(\frac{\partial H_x}{\partial z} - \frac{\partial H_z}{\partial x} - \sigma E_y\right) \qquad (1.19)$$

$$\frac{\partial E_z}{\partial t} = \frac{1}{\epsilon}\left(\frac{\partial H_y}{\partial x} - \frac{\partial H_x}{\partial y} - \sigma E_z\right) \qquad (1.20)$$

Ce système est résolu numériquement à l'aide d'un schéma explicite en temps et en espace. De plus, dans la méthode FDTD la discrétisation de l'espace est effectuée avec un maillage structuré constitué de mailles élémentaires généralement cubique.

Pour résoudre les équations de Maxwell par l'application des différences finies centrées (cf. annexe A), considérons le formalisme de Yee [8] où les champs **E** et **H** sont positionnés sur une cellule élémentaires comme le montre la figure (1.1).

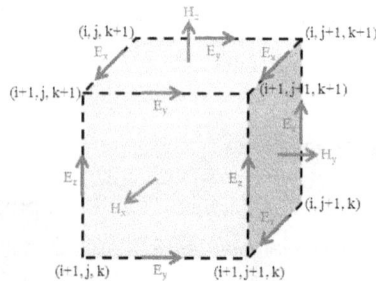

FIGURE 1.1 – Schéma proposé par K. S. Yee en coordonnées cartésiennes.

Dans le schéma de Yee, les composantes du champ électriques sont placées au milieu des arêtes de la cellule élémentaire; celles du champ magnétique sont déterminées au milieu des faces de la cellule. Ainsi le champ électrique sera évalué aux instants $n.dt$ et le champ magnétique sera évalué aux instants $(n + \frac{1}{2}).dt$, et les champs électromagnétiques sont ainsi calculés par un schéma explicite "saute-mouton" à des intervalles de temps séparés de $\frac{dt}{2}$.

Enfin, à partir des équations (1.15, 1.16, 1.17, 1.18, 1.19, 1.20), les équations de Maxwell peuvent être écrites sous la forme discrétisée suivante :

$$H_x^{n+\frac{1}{2}}\left(i, j+\frac{1}{2}, k+\frac{1}{2}\right) = H_x^{n-\frac{1}{2}}\left(i, j+\frac{1}{2}, k+\frac{1}{2}\right) + \frac{dt}{\mu}\times$$
$$\left[\frac{E_y^n\left((i, j+\frac{1}{2}, k+1)\right) - E_y^n\left(i, j+\frac{1}{2}, k\right)}{dz} - \frac{E_z^n\left(i, j+1, k+\frac{1}{2}\right) - E_z^n\left(i, j, k+\frac{1}{2}\right)}{dy}\right] \qquad (1.21)$$

$$E_x^{n+1}\left(i+\frac{1}{2}, j, k\right) =$$
$$\frac{2\epsilon\left(i+\frac{1}{2}, j, k\right) - \sigma\left(i+\frac{1}{2}, j, k\right)dt}{2\epsilon\left(i+\frac{1}{2}, j, k\right) + \sigma\left(i+\frac{1}{2}, j, k\right)dt} \times E_x^n\left(i+\frac{1}{2}, j, k\right) + \frac{2dt}{2\epsilon\left(i+\frac{1}{2}, j, k\right) + \sigma\left(i+\frac{1}{2}, j, k\right)dt}\times$$
$$\left[\frac{H_z^{n+\frac{1}{2}}\left(i+\frac{1}{2}, j+\frac{1}{2}, k\right) - H_z^{n+\frac{1}{2}}\left(i+\frac{1}{2}, j-\frac{1}{2}, k\right)}{dy} - \frac{H_y^{n+\frac{1}{2}}\left(i+\frac{1}{2}, j, k+\frac{1}{2}\right) - H_y^{n+\frac{1}{2}}\left(i+\frac{1}{2}, j, k-\frac{1}{2}\right)}{dz}\right]$$
$$(1.22)$$

où dx, dy et dz correspondent respectivement aux pas spatiaux selon les directions cartésiennes (Ox), (Oy) et (Oz), chaque maille sera indexée par un triplet $(i, j, k) \in \mathbb{N}^3$. En revanche dt correspond au pas temporel et il sera indexé par le terme n. Le calcul des équations de Maxwell discrétisées est détaillé dans l'annexe A.

1.2.1.2 Conditions de stabilité et dispersion du schéma numérique

La méthode FDTD nécessite une condition de stabilité. Cette dernière, appelée "critère CFL" (Courant Friedrichs Lewy), relie le pas de discrétisation temporel aux pas de discrétisations spatiaux par la formule suivante :

$$dt \leq dt_{max} = \frac{1}{\upsilon \sqrt{\frac{1}{dx^2} + \frac{1}{dy^2} + \frac{1}{dz^2}}} \qquad (1.23)$$

où υ est la vitesse de propagation de l'onde dans le milieu.

Cette condition fixe un échantillonnage temporel maximum écartant le risque de divergence des calculs. Il sera toutefois préférable de choisir un pas temporel proche de dt_{max}. Dans le cas d'un maillage non uniforme, le critère de stabilité considère les dimensions des plus petites cellules dans le domaine de calcul. Il faut noter aussi que le rapport de dimensions entre les cellules voisines doit être inferieur à environ $1,3$ pour ne pas créer des réflexions parasites ce qui peut provoquer une divergence du schéma [9].

La méthode FDTD peut également générer un autre type d'erreur appelé la dispersion numérique, il s'agit d'un décalage entre la vitesse de propagation numérique et la vitesse de propagation réelle dans le milieu considéré. Afin de minimiser l'impact de cette dispersion, il sera nécessaire de choisir un pas spatial suffisamment petit. En générale les pas de discrétisation spatiale seront de l'ordre de $\frac{\lambda_{f_{max}}}{10}$ (voire $\frac{\lambda_{f_{max}}}{15}$ ou moins pour des problèmes résonnants), où $\lambda_{f_{max}}$ correspond à la longueur d'onde relative à la fréquence maximale considérée dans le spectre de l'impulsion incidente.

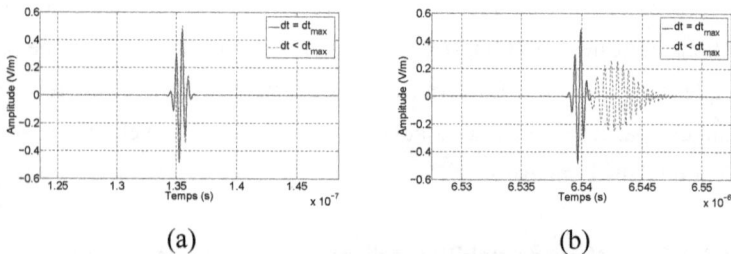

(a)   (b)

FIGURE 1.2 – Exemple de dispersion numérique par la méthode FDTD.

Sur la figure (1.2), un exemple de dispersion numérique par la méthode FDTD est présenté. Nous avons tracé le champ électrique en un point d'un Domaine de Calcul (DC) pour une excitation de type gaussienne modulée (ce type d'excitation va être présenté plus tard dans cette partie), premièrement en utilisant un pas de discrétisation temporel (dt) égal à dt_{max} et

deuxièmement un pas $dt < dt_{max}$. On remarque que pour des temps de simulation relativement courts, les deux impulsions coïncident. Tandis que
pour des temps de simulations très longs, l'impulsion correspondante au
cas $dt < dt_{max}$ présente une dispersion numérique, contrairement à la première.

Dans notre étude, les temps de simulation ne sont pas très longs, nous
avons utilisés un pas de discrétisation temporel égal à dt_{max} et des pas de
discrétisations spatiaux entre $\frac{\lambda_{fmax}}{10}$ et $\frac{\lambda_{fmax}}{15}$ selon la configuration, ainsi nous
n'avons pas rencontré des problèmes de dispersions. Pour cela aucune cor-
rection sur nos codes n'a été introduite et nous nous sommes contentés de
la méthode FDTD de base et sans phase de correction.

1.2.1.3 Conditions aux limites

La difficulté rencontrée en essayant de résoudre numériquement les
problèmes de propagation des ondes électromagnétiques est la dimension
du domaine de calcul puisque aucun ordinateur ne peut stocker un nombre
illimité de donnée. Dans le but de palier ce problème, le domaine dont le
champ électromagnétique est calculé doit être limité. Pour cela l'utilisation
de la méthode FDTD est uniquement adaptée aux systèmes bornés, cela est
fait par l'utilisation de conditions aux limites adaptées.

Ces conditions aux limites peuvent être soit parfaitement électrique (en
anglais : Perfect Electric Conductor, PEC), soit parfaitement magnétique
(en anglais : Perfect Magnetic Conductor, PMC), soit des conditions aux
frontières absorbantes (en anglais : Absorbing Boundary Condition, ABC).

Au cours de ces travaux, la majorité des simulations concerne des environnements réverbérants qui vont être modélisés par des PEC. Pour les
quelques simulations en espace libre nous allons utiliser, comme conditions aux limites absorbantes, les conditions de MUR [10] malgré l'existence des techniques plus récentes comme les PML (Perfect Matched Layer)

31

[7] et d'autres travaux effectués sur les conditions aux limites absorbantes. En effet, nous avions besoin de faire quelques comparaisons avec des cas en espace libre, la modélisation de ce dernier n'était pas notre but principale pour cela nous nous sommes limités à l'utilisation d'un schéma de base avec les conditions de MUR.

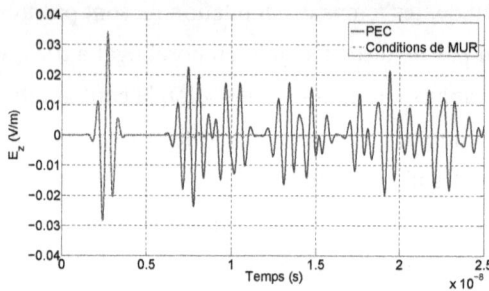

FIGURE 1.3 – Evolution du champ électrique E_z en fonction du temps en CR (PEC) et en espace libre (conditions de Mur).

Sur la figure (1.3), on a tracé l'évolution du champ électrique reçu en fonction du temps en un point d'un domaine de calcul à deux dimensions dans les deux cas : le premier dans un environnement réverbérant avec des PEC comme condition aux limites où on remarque que le signal reçu en absence de pertes ne retombe jamais à zéro à cause des réflexions de l'onde sur les parois parfaitement métalliques. Dans le deuxième cas, on a utilisé les conditions de Mur où on remarque que le point d'observation est soumis à l'onde incidente qui est absorbée par les conditions aux limites et ne se réfléchit jamais.

1.2.1.4 Types d'excitations utilisées

Les simulations numériques associées à ce manuscrit concernent deux types d'applications : le retournement temporel et le calcul de la surface efficace totale de diffraction. Différents types de sources sont utilisés dans ces simulations dont le choix dépend de l'application. Dans le cas des applications de retournement temporel la source d'excitation utilisée est une source ponctuelle, tandis que dans le cas du calcul de la surface efficace totale de diffraction l'EST est soumis à une onde plane.

Cas des sources ponctuelles : L'idée la plus simple durant les simulations FDTD est bien entendu l'utilisation d'une source ponctuelle. Autrement dit, au niveau d'une cellule de Yee, nous proposons d'exciter une composante du champ électrique ou de manière identique plusieurs composantes pour ne privilégier aucune des trois composantes cartésiennes. D'un point de vue technique, nous pouvons utiliser a priori indifféremment des "soft" ou "hard" sources [9]. Vu qu'en simulation il ne s'agit pas d'un signal CW (en anglais : Continuous Wave) comme c'est le cas dans la réalité, les "soft" sources sont cependant plus aisées à utiliser que les "hard" sources : effectivement, il n'est plus nécessaire de déterminer la limite temporelle nécessaire au passage complet de la gaussienne à partir de laquelle nous devons arrêter d'imposer artificiellement les valeurs de champ pour le laisser se propager normalement à l'aide du schéma FDTD.

Cas des ondes planes : la simulation des ondes planes a souvent un grand intérêt en électromagnétisme. De nombreux problèmes, tel que le calcul de la Surface Efficace Radar (SER) [11], sont traités numériquement par l'utilisation des ondes planes. En plus, après une certaine distance de l'ordre de plusieurs dizaines de longueurs d'onde, le champ de la plupart des antennes peut être approché par une onde plane.

Afin de simuler une onde plane par la méthode FDTD, le domaine de calcul sera divisé en deux régions, une région qui correspond au champ total et l'autre au champ diffracté séparé par une surface dite fictive (cf. Annexe B).

La figure (1.4) illustre la propagation d'une impulsion gaussienne dans l'espace. On remarque comment l'impulsion est générée à une extrémité et

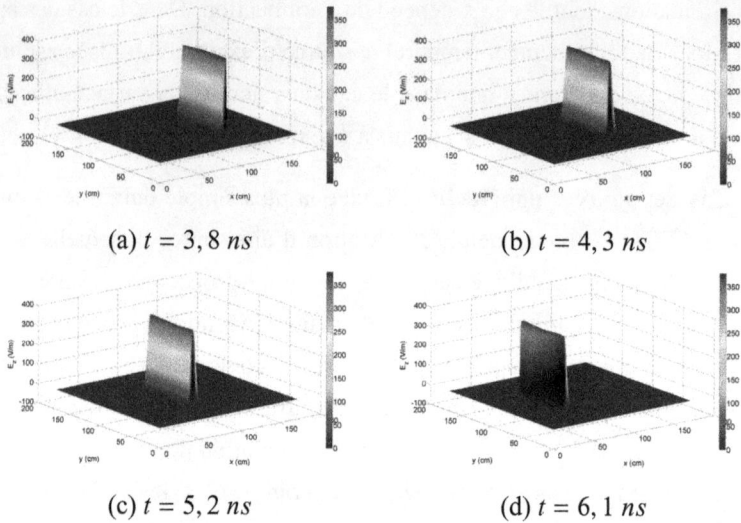

(a) $t = 3, 8 \, ns$ (b) $t = 4, 3 \, ns$

(c) $t = 5, 2 \, ns$ (d) $t = 6, 1 \, ns$

FIGURE 1.4 – Simulation d'une onde plane qui se propage en espace libre. L'onde plane est générée à une extrémité et complètement soustraite à l'autre extrémité.

complètement soustraite à l'autre extrémité. On note en plus que le champ dans la zone du champ diffracté est nul, et cela revient à ce que la région du champ total ne contienne aucun objet ou équipement.

1.2.1.5 Signaux d'excitations utilisées

Les signaux d'excitation utilisés durant les simulations sont de type gaussienne (Fig. 1.5a) dont l'equation est donnée par :

$$x(t) = E_0 e^{-(\frac{t + \frac{z - z_0}{c} - t_0}{\ell})^2} \tag{1.24}$$

où E_0 est l'amplitude de la gaussienne, z_0 et t_0 sont respectivement les retards par rapport aux origines de l'espace et du temps, ℓ est la largeur de l'impulsion à mi-hauteur et c la célérité de la lumière dans le vide.

34

La fréquence maximale f_{max} de cette impulsion est estimée par rapport à l'atténuation (*Att*) de l'amplitude maximale du spectre de l'impulsion (Fig. 1.5b). Pour calculer f_{max}, on considère différents niveaux d'atténuation (*Att*). Par exemple, dans le cas où $Att = 2$ (ce qui correspond à une atténuation de -6 *dB*) on divise l'amplitude maximale par 2 et f_{max} est calculée.

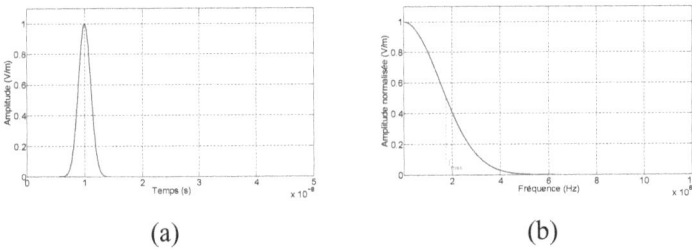

(a)   (b)

FIGURE 1.5 – (a) Réponse temporelle d'une impulsion gaussienne et (b) son spectre.

Au cours des simulations, des études paramétriques sont menées en fonction de la fréquence centrale f_c et la bande passante $\Delta\Omega$, d'où l'utilisation d'une gaussienne modulée par un sinus (Fig. 1.6a)

$$x(t) = E_0 e^{-(\frac{t+\frac{z-z_0}{c}-t_0}{\ell})^2} sin(2\pi f_c t) \qquad (1.25)$$

La bande passante $\Delta\Omega$ de cette impulsion est la distance fréquentielle (Fig. 1.6b) de part et d'autre de la fréquence centrale f_c par rapport à l'atténuation du maximum d'amplitude (l'amplitude qui correspond à f_c). Pour une $Att = 2$, on divise l'amplitude qui correspond à f_c par 2 et on calcule f_1 et f_2, et la bande passante est donnée par $\Delta\Omega = f_2 - f_1$. Pour faire varier la bande passante d'un tel signal, il suffit de changer le terme ℓ dans l'équation (1.25).

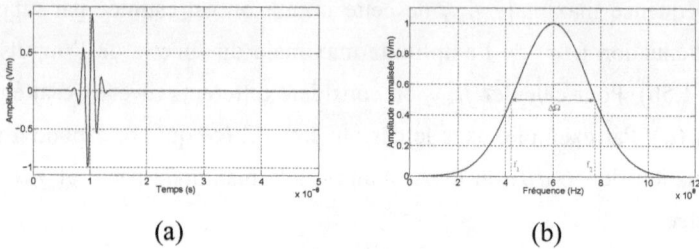

(a)   (b)

FIGURE 1.6 – (a) Réponse temporelle d'une impulsion gaussienne modulée
par un sinus et (b) son spectre.

1.2.2   Présentation du logiciel CST MICROWAVE STU-DIO

CST MICROWAVE STUDIO® est un outil spécialisé pour la simulation et la conception électromagnétique trois dimensions (3D) des composantes hautes fréquences. Il simplifie le processus de saisie de la structure
et la définition des équipements en fournissant une interface graphique de
modélisation puissante et solide (Fig. 1.7). Après la modélisation du composant, une procédure de maillage automatique peut être appliquée avant
que le moteur de simulation ne soit lancé.

CST MICROWAVE STUDIO® est un module qui fait partie du logiciel CST STUDIO SUITE®[12] et propose un certain nombre de solveurs
pour différents types d'application. Comme aucune méthode ne fonctionne
aussi bien dans tous les domaines d'application, le logiciel contient quatre
techniques différentes de simulation (solveur transitoire, solveur fréquentiel, solveur d'équation intégrale, et solveur de mode propre) pour mieux
répondre aux applications particulières. L'outil le plus flexible est le solveur transitoire, qui peut obtenir le comportement fréquentiel pour une
large bande de fréquence par une seule et unique simulation (contrairement
à l'approche fréquentielle de nombreux autres simulateurs). Il est basé sur
la technique FIT (en anglais : Finite Integration Technique) qui a été intro-

36

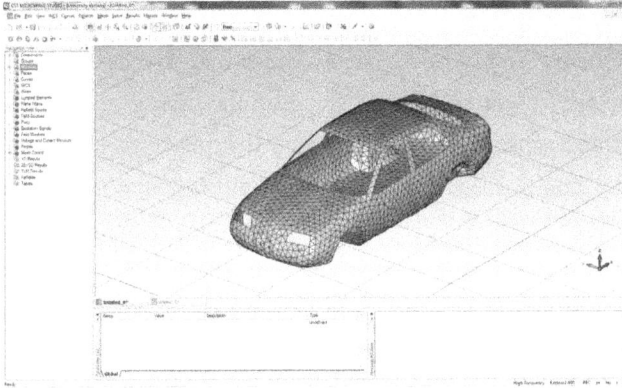

FIGURE 1.7 – Interface graphique de CST MICROWAVE STUDIO®.

duite en électrodynamique plus de trois décennies auparavant [13]. Ce solveur est efficace pour la plupart des types d'applications à haute fréquence tels que des connecteurs, des lignes de transmission, filtres, antennes etc..., et pour ce qui nous intéresse à savoir les simulations en chambres réverbérantes.

1.3 La compatibilité électromagnétique

L'utilisation des ondes électromagnétiques comme moyen de communication connaît un essor sans précédent. La conséquence de l'explosion de ce moyen est une pollution de l'environnement par un large spectre d'ondes électromagnétiques. Dans ces conditions, les appareils électroniques sont soumis à des perturbations diverses en termes de fréquences et de puissances. Ces dernières années les performances des appareils ont considérablement augmentés, ces améliorations ont été obtenues par une élévation de la fréquence de fonctionnement des dispositifs et par une augmentation de la densité d'intégration. Quant à eux, les appareils numériques lorsqu'ils fonctionnent à hautes fréquences sont aussi très générateurs de perturbations. En effet, le temps de transition entre les niveaux logiques est le para-

37

mètre le plus important pour caractériser la bande de fréquences occupée par les signaux d'horloges. Des temps de montée et de descente très faibles engendrent des spectres très larges et ces composantes spectrales peuvent alors très facilement se transmettre vers d'autres appareils. Donc il faut s'assurer d'une part que les perturbations électromagnétiques émises par un appareil ne soient pas trop importantes, et que d'autre part les appareils puissent fonctionner de façon satisfaisante en présence de perturbations générées par d'autres appareils. Depuis 1996, aucun appareil ne peut théoriquement être commercialisé sans avoir subi de test de CEM. La CEM est un des domaines de l'électronique qui analyse ces phénomènes. Ainsi, la CEM concerne la génération, la transmission et la réception de l'énergie électromagnétique. On peut visualiser la transmission de l'énergie entre la source et le récepteur de perturbation par le synoptique de la figure (1.8).

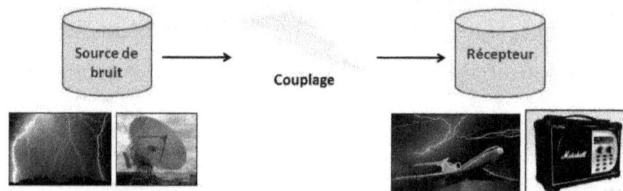

FIGURE 1.8 – Exemple de sources de perturbation et de victimes probables, avec le chemin de transfert entre la source et le récepteur qui peut être soit par conduction soit par rayonnement.

Une source produit une émission et un canal de transfert ou de couplage communique l'énergie au récepteur. Ce processus est désirable et concerne le fonctionnement normal ou au contraire indésirable : l'étude de cette transmission de perturbation "indésirable" constitue la CEM. Les perturbations peuvent être "rayonnées" par les câbles (parce qu'il y circule un courant) ou au contraire, un champ électromagnétique peut être ramené à l'intérieur du montage sous forme de tensions ou de courants. Les composants électroniques peuvent aussi transmettre des perturbations par conduction. À cet effet, on pratique en particulier deux types de mesures pour étudier ces interactions : les mesures d'immunité et les mesures de susceptibilité. La première est directement liée à la notion de blindage. On illumine l'EST par une onde électromagnétique de puissance déterminée et on analyse les valeurs de champ au niveau de ce dernier, celles-ci ne devant pas dépasser une valeur seuil fixée. On peut aussi étudier le rayonnement émis par l'EST, reçu par les antennes de la chambre. On procède alors à ce que l'on appelle des mesures d'immunité rayonnée. Le deuxième type de mesures s'intéresse à la puissance nécessaire à émettre pour perturber un composant électronique logique, c'est-à-dire le faire passer de l'état 0 à l'état 1 par exemple. La CEM dispose pour cela de différents outils. On peut citer deux moyens d'essais les plus répandus : la chambre anéchoïque et la chambre réverbérante. La prochaine section va être consacrée à la description du fonctionnement de cette dernière.

1.4   Les chambres réverbérantes à brassage de modes en CEM

L'intérêt des chambres réverbérantes pour les mesures en CEM s'est révélé il y a une trentaine d'années [14], et actuellement elles sont en plein essor car au-delà de leur faible coût (par rapport au chambres anéchoïques [15]), elles répondent de manière satisfaisante aux exigences des normes relatives aux essais CEM. Les domaines aéronautiques [16] et automobiles [17] ont été les précurseurs dans l'établissement de protocoles de mesures CEM en chambre réverbérante. L'idée initiale était de mettre au point une procédure d'essai en émission rayonnée pour la détermination de la puissance totale rayonnée par un système électronique. En immunité, l'objectif résidait dans le dimensionnement d'un moyen d'essai permettant de générer un environnement homogène et isotrope, l'équipement sous test étant alors illuminé par un champ électromagnétique uniforme. Un historique des travaux de recherche menés sur l'analyse comportementale des CRBM pour des applications en CEM est présenté dans [14]. Depuis 2001, le LAS-MEA dispose d'une CRBM pour laquelle plusieurs travaux [18,19,20] ont été effectués afin d'acquérir une maîtrise maximale de son comportement et de sa performance. Des modèles numériques pour simuler correctement ce moyen d'essai ont été développés. Différents tests dans cette CRBM ont été effectués avec succès surtout pour les mesures en immunité et émission rayonnées dans les domaines de la CEM, l'automobile et l'aéronautique, et les applications bio-électromagnétiques.

1.4.1   Théorie modale d'une cage de Faraday

Dans une cage de Faraday sans perte, le champ électromagnétique est déterministe, anisotrope et de polarisation fixe, au sein duquel un champ d'onde stationnaire s'établit suite aux multiples réflexions sur les parois parfaitement conductrices de l'enceinte. Considérons le cas le plus courant où on a une cage parallélépipède (Fig. 1.9).

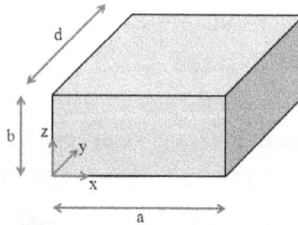

FIGURE 1.9 – Cavité parallélépipédique dans un repère cartésien.

Si nous excitons la cavité à l'aide d'une onde électromagnétique, des champs sont générés et vérifient l'équation de propagation de Helmholtz :

$$\Delta\Phi + \kappa^2\Phi = 0 \qquad (1.26)$$

où Φ représente indifféremment le champ électrique $\mathbf{E}$ ou magnétique $\mathbf{H}$ et κ le nombre d'onde.

Les solutions sont appelées les fonctions propres de l'équation et dépendent des valeurs propres κ définies par :

$$\kappa^2 = \frac{\omega^2}{c^2} \tag{1.27}$$

où ω correspond à la pulsation de l'onde.

Pour chacune des directions de propagations (Ox), (Oy) et (Oz), il existe des solutions ou modes de type transverse électrique (TE) et de type transverse magnétique (TM), La solution générale est une combinaison linéaire de toutes ces solutions particulières.

La résolution de l'équation dans un repère cartésien en régime harmonique impose d'écrire la constante de propagation comme suit :

$$\kappa^2 = \kappa_x^2 + \kappa_y^2 + \kappa_z^2 \tag{1.28}$$

En appliquant les conditions aux limites sur les parois (ce qui revient à annuler les composantes tangentielles du champ électrique et normales du champ magnétique), les composantes du nombre d'onde doivent impérativement satisfaire les relations ci-dessous [21] :

$$\kappa_x = \frac{m\pi}{a} \quad \kappa_y = \frac{n\pi}{b} \quad \kappa_z = \frac{p\pi}{d} \quad avec\ (m, n, p) \in \mathbb{N}^3 \tag{1.29}$$

Dans une cavité, chaque mode n'existe que pour une unique fréquence dépendant du mode de la résonance caractérisé par le triplet (m, n, p) et des dimensions de la cage. À l'aide des équations (1.27), (1.28) et (1.29), nous pouvons alors établir son expression :

$$f_{mnp} = \frac{c}{2} \sqrt{\left(\frac{m}{a}\right)^2 + \left(\frac{n}{b}\right)^2 + \left(\frac{p}{d}\right)^2} \tag{1.30}$$

Il existe une formule analytique définie par l'équation (1.31) pour déterminer le nombre de modes $N(f)$ présents à une fréquence f. En dérivant l'équation (1.31), nous obtenons la densité de mode $n(f)$ qui exprime le nombre de modes présents dans une bande de fréquence d'un hertz (Equ. 1.32).

$$N(f) = \frac{8.\pi.a.b.d}{3.c^3}.f^3 - \left(\frac{a+b+d}{c}\right).f + \frac{1}{2} \qquad (1.31)$$

$$n(f) = \frac{\partial N(f)}{\partial f} = \frac{8.\pi.a.b.d}{c^3}.f^2 - \left(\frac{a+b+d}{c}\right) \qquad (1.32)$$

En réalité, une cavité sans perte ne peut exister, il faut tenir donc compte des diverses perturbations qui modifient le comportement électromagnétique de la cage. Tout d'abord, il y a les perturbations par des objets, il peut s'agir des équipements nécessaires au fonctionnement de la CRBM (le brasseur mécanique, les antennes d'émissions ou de réception, les câbles ...) ou bien des objets sous test. Ensuite, il y a des pertes d'énergie dans la cavité causées essentiellement par des ouvertures dans la cage, par des charges ohmiques connectées aux antennes ou à l'EST, par la conductivité finie des parois.

Afin de quantifier ces pertes, un paramètre Q existe et s'appelle le coefficient de qualité, ce dernier étant propre à chaque CRBM, il représente donc un élément majeur pour la caractérisation de ce type de moyen d'essai. Les expressions expérimentales et théoriques du facteur de qualité sont représentées dans [18].

L'énergie dissipée dans la CRBM se traduit par un facteur de qualité fini, ce qui a pour effet immédiat de diminuer l'amplitude de champ et d'élargir la bande de fréquence Δf correspondant à la largeur à mi-hauteur de la courbe de résonance. Cet intervalle Δf, appelé "largeur de bande", est relié aux fréquences de résonance et au coefficient de qualité par la formule suivante :

$$\Delta f = \frac{f}{Q} \qquad (1.33)$$

Ainsi, en hautes fréquences, les fréquences de résonance sont de plus en plus nombreuses et rapprochées ce qui conduit à une interception des intervalles de définition de deux fréquences de résonance consécutives formant une zone de chevauchement, ce phénomène est dit "de recouvrement" (Fig. 1.10).

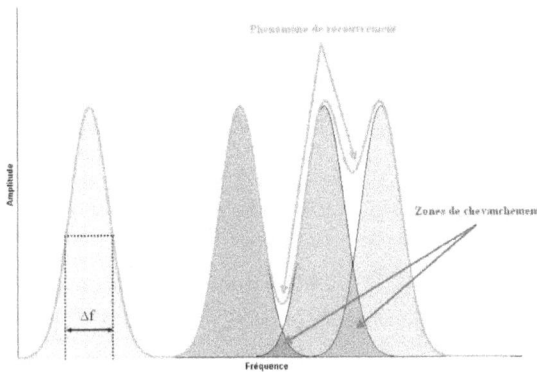

FIGURE 1.10 – Illustration du phénomène de recouvrement, figure issue de [18]

1.4.2 Fonctionnement d'une CRBM

Dans une CRBM l'environnement électromagnétique est caractérisé par une distribution du champ électromagnétique statistiquement homogène, isotrope et de polarisation aléatoire. Cette distribution est réalisée généralement par un brassage mécanique. En effet, aux fréquences pour lesquelles la densité de modes est suffisante, le brassage de modes est réalisé à partir d'un dispositif métallique et asymétrique de façon à redistribuer au maximum l'énergie dans toutes les directions. Sa rotation doit alors assurer une perturbation de l'espace et de la géométrie de l'enceinte. L'idée consiste à modifier l'environnement de l'équipement sous test plutôt que de modifier la position de l'objet. La figure (1.11) présente une vue intérieure de la CRBM du LASMEA et montre la forme de son brasseur.

FIGURE 1.11 – Vue intérieure de la CRBM du LASMEA.

Ainsi, Le critère aléatoire de la polarisation et l'isotropie statistique du champ électromagnétique sont obtenus dans une CRBM en provoquant des modifications aléatoires de la distribution spatiale du champ dans une cavité. Cet environnement électromagnétique complexe résulte de la coexistence d'un nombre important de modes excités d'où la condition d'opérer dans les hautes fréquences. Ainsi, la fréquence minimale d'utilisation des CRBM doit être au moins cinq fois supérieur à la première fréquence de résonnance f_0 de la cavité correspondante [22].

Quant à l'amplitude du champ électromagnétique généré dans une CRBM, cette valeur va dépendre du rapport entre l'énergie emmagasinée dans la cavité et la puissance perdue dans les parois de la structure, ainsi que dans les différents appareils de la chaîne de mesure (antennes, sondes, ...).

Dans une CRBM, l'uniformité "statistique" dépend principalement du nombre N_c de configurations électromagnétiques indépendantes (les N_c positions du brasseur de modes), liées aux conditions aux limites, pouvant être produites à l'intérieur de la structure à la fréquence d'excitation. À la limite, lorsque ce nombre N_c tend vers l'infini, les propriétés du champ électromagnétique interne à la CRBM sont identiques en tout point, chaque

44

direction et chaque polarisation étant équiprobable. En effet chaque position de brasseur est associée à un environnement électromagnétique propre, ainsi la réalisation d'une expérience sur un tour complet du brasseur inclut un processus aléatoire, ce qui justifie l'utilisation des méthodes statistiques. En pratique le nombre de positions de brasseur est fini, d'où la nécessité de développer des modèles théoriques, et de définir un processus normatif pour reproduire de la manière la plus réaliste un test déterministe CEM.

1.4.3 Critères statistiques et normatifs de validation

A l'heure actuelle, il est impossible de caractériser le comportement d'une CRBM réelle à l'aide d'une approche modale. Nous utilisons alors généralement une approche statistique où le champ généré dans la CRBM correspond à une variable aléatoire (soumise essentiellement à trois grandeurs qui sont l'angle du brasseur, la fréquence et la position spatiale) dont la distribution doit suivre des lois statistiques théoriques définies qui traduiront un fonctionnement normal de la CRBM. Cette distribution sera exprimée simultanément à l'aide de leur fonction de densité de probabilite (en anglais : Probability Density Function, PDF) et de sa fonction de répartition (en anglais : Cumulative Density Function, CDF), la seconde correspond par définition à une simple intégration de la première.

Les critères normatifs de validation d'une CRBM sont réglementés entre autres par les normes IEC 61000-4-21 et RTCA/DO-160 [23,16]. Ces deux normes régentent les tests de susceptibilité et d'émission d'équipements électriques et électroniques. Elles établissent les procédures de test requises pour l'utilisation d'une CRBM pour des essais en immunité rayonnée et en émission rayonnée. Cependant, d'une norme à autre, les paramètres considérés peuvent varier. Par exemple les nombres de points de mesure ou de pas de brasseur sur certaines gammes de fréquences. Dans le dernier chapitre de ce manuscrit, on va suivre la norme IEC 61000-4-21 pour l'application de la caractérisation du brasseur de modes d'une CRBM.

1.4.3.1 PDF et CDF théoriques du champ

Par hypothèse, dans une cavité parallélépipédique idéale, la distribution du champ suit une loi sinusoïdale déterminée par la stimulation d'un mode. Mais dans une CRBM, la présence d'objets diffractants (en particulier le brasseur de modes) a pour effet de perturber cette distribution. Cependant, leur volume ne représentant qu'une faible fraction de la cavité, leur influence électromagnétique se traduit simplement par une modulation aléatoire de l'amplitude de ces sinusoïdes suivant la loi de distribution dite du "Chi-Deux (χ^2)". Pour démontrer cette propriété, il faut exprimer le champ électromagnétique comme une variable complexe ; ainsi chacune des trois composantes cartésiennes du champ électrique s'exprime de la manière suivante :

$$
\begin{aligned}
E_x &= E_{xr} + i.E_{xi} \\
E_y &= E_{yr} + i.E_{yi} \\
E_z &= E_{zr} + i.E_{zi}
\end{aligned}
\tag{1.34}
$$

Chacune de ces six composantes complexes est elle-même la somme de plusieurs variables aléatoires, correspondant aux amplitudes (supposées indépendantes) de l'ensemble des modes :

$$
\begin{aligned}
E_x &= \sum_{m,n,p} E_{xr}^{mnp} + i. \sum_{m,n,p} E_{xi}^{mnp} \\
E_y &= \sum_{m,n,p} E_{yr}^{mnp} + i. \sum_{m,n,p} E_{yi}^{mnp} \\
E_z &= \sum_{m,n,p} E_{zr}^{mnp} + i. \sum_{m,n,p} E_{zi}^{mnp}
\end{aligned}
\tag{1.35}
$$

De plus après leur avoir appliqué le théorème central limite, elles suivent toute une loi normale. En l'absence de couplage entre l'antenne d'émission et le point de mesure, leur amplitude moyenne est nulle (Equ. 1.36) ; elles sont alors toutes régies par une loi normale centrée. Ainsi, chacune des six composantes a pour densité de probabilité la fonction f_1 (Equ. 1.37) et pour fonction de répartition F_1 (Equ. 1.38), où ς est l'écart-type de la variable x.

$$\langle E_{xr}\rangle = \langle E_{xi}\rangle = \langle E_{yr}\rangle = \langle E_{yi}\rangle = \langle E_{zr}\rangle = \langle E_{zi}\rangle = 0 \qquad (1.36)$$

$$f_1(x) = \frac{1}{\varsigma\sqrt{2\pi}}e^{-\frac{x^2}{2\varsigma^2}} \qquad (1.37)$$

$$F_1(x) = \frac{1}{2}\left[1 + erf(\frac{x}{\varsigma\sqrt{2}})\right] \qquad (1.38)$$

L'amplitude quadratique d'une composante cartésienne de champ (Equ. 1.39) est la somme des carrés de deux variables aléatoires suivant une loi normale, donc elle suit une loi de χ^2 à deux degrés de liberté dont la densité de probabilité et la fonction de répartition sont données respectivement par les équations (Equ. 1.40) et (Equ. 1.41). Quand à elle, l'amplitude quadratique du champ total suit une loi de χ^2 à 6 degrés de liberté.

$$|E_c|^2 = E_{cr}^2 + E_{ci}^2 \qquad (1.39)$$

$$f_2(|E_c|^2) = \frac{1}{2\varsigma^2}e^{-\frac{|E_c|^2}{2\varsigma^2}} \qquad (1.40)$$

$$F_2(|E_c|^2) = 1 - e^{-\frac{|E_c|^2}{2\varsigma^2}} \qquad (1.41)$$

1.4.3.2   Norme IEC 61000-4-21

La norme IEC 61000-4-21 est applicable en mode pas à pas et en mode continu de la rotation du brasseur. Le nombre de positions de calibrage (N_p) est de huit en accord avec les huit coins du volume utile.

Pour chaque fréquence d'étalonnage et chaque point de mesure, le champ maximal sur une révolution complète du brasseur est normalisé par rapport à la racine carrée de la puissance injectée exprimée en watts :

$$\forall \, \alpha \in \{x, y, z\}, \qquad \left(\overleftrightarrow{E_\alpha}\right)_i = \frac{\max\limits_{j}\left((E_\alpha)_{i,j}\right)}{\sqrt{P_{inj}}} \qquad (1.42)$$

Puis pour chaque fréquence d'étalonnage, nous moyennons les quantités exprimées par l'équation (1.42) par rapport au nombre de points de mesure :

$$\forall \, \alpha \in \{x, y, z\}, \qquad \left\langle\overleftrightarrow{E_\alpha}\right\rangle_{N_p} = \frac{\sum\limits_{i=1}^{N_p}\left(\overleftrightarrow{E_\alpha}\right)_i}{N_p} \qquad (1.43)$$

Nous effectuons une opération similaire pour déterminer la valeur moyenne des mesures maximales en donnant un poids égal à chaque axe :

$$\left\langle\overleftrightarrow{E}\right\rangle_{3.N_p} = \frac{\sum\limits_{i=1}^{N_p}\left(\overleftrightarrow{E_x}\right)_i + \sum\limits_{i=1}^{N_p}\left(\overleftrightarrow{E_y}\right)_i + \sum\limits_{i=1}^{N_p}\left(\overleftrightarrow{E_z}\right)_i}{3.N_p} \qquad (1.44)$$

L'uniformité du champ est définie comme un écart-type par rapport à la valeur moyenne des mesures maximales obtenues en chacun des N_p emplacements et sur un tour de brasseur. L'écart-type (ς) est calculé de façon indépendante pour chaque axe et pour l'ensemble des données, de la façon suivante :

$$\forall \, \alpha \in \{x, y, z\}, \qquad \varsigma_\alpha' = 1,06.\sqrt{\frac{\sum\limits_{i=1}^{N_p}\left[\left(\overleftrightarrow{E_\alpha}\right)_i - \left\langle\overleftrightarrow{E_\alpha}\right\rangle_{N_p}\right]^2}{N_p - 1}} \qquad (1.45)$$

$$\varsigma_{3.N_p}' = \sqrt{\frac{\sum\limits_{i=1}^{N_p}\sum\limits_{\alpha=\{x,y,z\}}\left[\left(\overleftrightarrow{E_\alpha}\right)_i - \left\langle\overleftrightarrow{E_\alpha}\right\rangle_{N_p}\right]^2}{3.N_p - 1}} \qquad (1.46)$$

Ces formules d'écart-types peuvent être aussi exprimées en décibels :

48

$$\forall \, \alpha \in \{x,y,z\}, \qquad \varsigma_\alpha = 20.log_{10}\left(\frac{s'_\alpha + \left\langle \overset{\leftrightarrow}{E}_\alpha \right\rangle_{N_p}}{\left\langle \overset{\leftrightarrow}{E}_\alpha \right\rangle_{N_p}}\right) \qquad (1.47)$$

$$\varsigma_{3.N_p} = 20.log_{10}\left(\frac{s'_{3.N_p} + \left\langle \overset{\leftrightarrow}{E} \right\rangle_{3.N_p}}{\left\langle \overset{\leftrightarrow}{E} \right\rangle_{3.N_p}}\right) \qquad (1.48)$$

D'après cette norme, si les écarts-types ς_α respectent les contraintes de tolérance du tableau (1.1), alors on peut dire que les propriétés d'uniformités du champ sont vérifiées, et s'il en est de même pour les quantités $\varsigma_{3.N_p}$ on peut considérer que les propriétés d'isotropie sont garanties.

Bande de fréquences	Seuil maximal toléré
80 - 100 *MHz*	4 *dB*
100 - 400 *MHz*	Décroissance linéaire de 4 à 3 *dB*
> 400 *MHz*	3 *dB*

TABLE 1.1 – Prescriptions de tolérances.

Enfin, les informations concernant les minima des échantillonnages fréquentiel et angulaire sont récapitulées dans le tableau (1.2).

Bande de fréquences	Nombre de pas de brasseur	Nombre de fréquences
f_0 à $3.f_0$	50	20
$3.f_0$ à $6.f_0$	18	15
$6.f_0$ à $10.f_0$	12	10
> $10.f_0$	12	20 par décade

TABLE 1.2 – Prescriptions d'échantillonnage.

Les critères CDF et PDF vont être utilisés dans le chapitre suivant pour vérifier l'uniformité et l'homogénéité de l'environnement interne d'une CRBM simulé par un modèle FDTD. Par contre, la norme IEC 61000-4-21 est utilisée pour classer différentes formes d'objets diffractant par rapport à leur qualité de brassage dans la CRBM. Ce classement va être comparé à celui donné par le calcul de la TSCS de ces objets.

Dans la section suivante, nous présentons une nouvelle manière pour effectuer des tests de susceptibilité rayonnée impulsive. Ce nouveau paradigme repose sur l'adaptation de la technique de retournement temporel de manière à pouvoir générer des niveaux de champs très élevés de courte durée. Dans un premier temps, on s'intéressera aux bases de la technique ; ensuite, les prochains chapitres permettront de présenter les fondements mathématiques et une étude numérique sera réalisée.

1.5 Le retournement temporel en CEM

1.5.1 De l'acoustique à l'électromagnétisme

Développé à l'origine en acoustique [24], le RT est un procédé physique basé sur le principe de réciprocité appliqué par l'équipe de Mathias Fink au début des années 1990 à l'ESPCI (Ecole Supérieure de Physique et de Chimie Industrielles) à Paris. Cette technique permet à une onde de retourner vers la source qui l'a émise. Cette retro-propagation est basée sur la réversibilité de l'équation des ondes dans le temps. L'une de ses finalités consiste à offrir une capacité de focalisation du champ à la fois en temps et en espace. De nombreux travaux ont été réalisés en ce sens à partir de l'équation des ondes acoustiques pour des applications concernant la détection et la focalisation sélective [25], la télécommunication sous marine [26], l'imagerie médicale et l'échographie [27]. Plus récemment des analyses ont été menées avec succès en électromagnétisme [28], principalement dans les domaines de la télécommunication [29], de la détection et l'imagerie [30,31,32], et de la CEM [33,34,35].

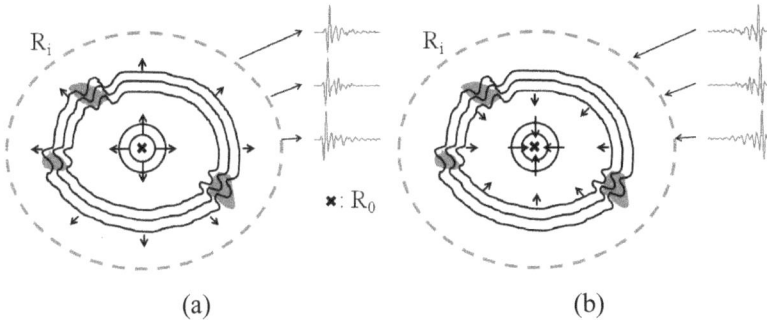

FIGURE 1.12 – (a) Première et (b) deuxième phases du processus de retournement temporel avec une cavité à retournement temporel.

En pratique, la technique de RT se fait selon deux phases, durant la première (Fig. 1.12a) une source située en R_0 émet une impulsion électromagnétique qui se propage dans un milieu plus ou moins complexe, la source peut être soit active (mode de transmission) ou passive comme une source de diffraction (dans les problèmes de détection, les cibles ou les diffuseurs agissent comme des sources passives). Le rayonnement électromagnétique est enregistré pour une durée Δt par un réseau de capteurs en réception (R_i) entourant la source en une entité fermée et formant une Cavité à Retournement Temporel (CRT). Ainsi, les ondes qui arrivent les premières chronologiquement parcourent une distance plus courte que celles arrivées plus tard. En effet, le concept de la CRT repose sur la formulation intégrale du théorème Helmholtz-Kirchhoff [36] donnée par l'équation (1.49).

$$\Phi(P) = \frac{1}{4\pi} \iint_S \left[\frac{e^{-j\kappa r}}{r} \frac{\partial \Phi}{\partial n} - \Phi \frac{\partial}{\partial n} \left(\frac{e^{-j\kappa r}}{r} \right) \right] dS \qquad (1.49)$$

où κ est le nombre d'onde. En utilisant ce théorème, l'amplitude du champ en un point d'observation P de l'espace peut être obtenue en connaissant la

51

distribution du champ Φ et sa dérivée normale $\frac{\partial \Phi}{\partial n}$ sur la surface S entourant le point d'observation. Donc au lieu d'enregistrer le champ en chaque point de l'espace, il suffit de l'enregistrer sur une surface qui entoure la source d'où la CRT. Reste à noter que pour un milieu ouvert, la phase d'enregistrement du champ est terminée lorsqu'il n'y a plus d'énergie à l'intérieur du domaine.

Durant la deuxième phase (Fig. 1.12b), chaque capteur réémet le signal qu'il a reçu selon une chronologie inverse par rapport au temps. Donc les ondes qui ont parcouru une plus longue distance sont émises tôt, alors que les ondes qui ont parcouru une distance plus courte sont émises plus tard, enfin le signal retourné est propagé comme si il "revivait" sa "vie passée" et ceci conduit à des focalisations temporelle et spatiale du champ au niveau de la position de la source originale (R_0), où l'instant de focalisation est considéré comme origine de temps.

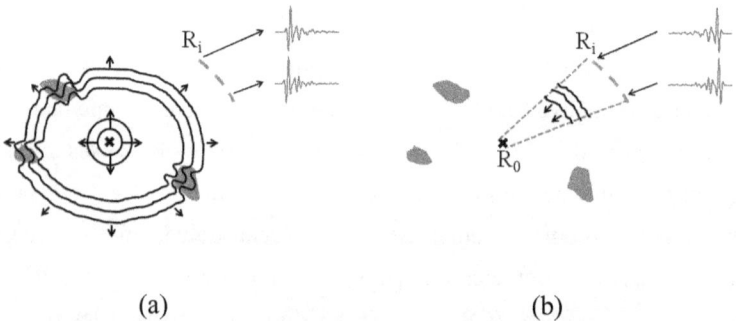

(a)   (b)

FIGURE 1.13 – (a) Première et (b) deuxième phases du processus de retournement temporel en utilisant un MRT.

Malheureusement, à cause du grand nombre de capteurs nécessaires à une telle opération, d'un point de vue expérimental, la CRT s'avère difficilement réalisable. C'est pourquoi les expériences classiques de RT réalisées au laboratoire s'effectuent au moyen d'un réseau d'ouverture limitée constituant le Miroir à Retournement Temporel (MRT) [37].

Dans le cas d'un MRT, le protocole de focalisation par RT reste le même que dans le cas d'une CRT (Fig. 1.13), la diminution de l'ouverture angulaire permet la réalisation pratique d'un tel miroir, mais dans l'étape de réémission (Fig. 1.13b) une seule partie de l'onde est retournée temporellement ce qui entraîne une perte d'informations et la qualité de focalisation diminue.

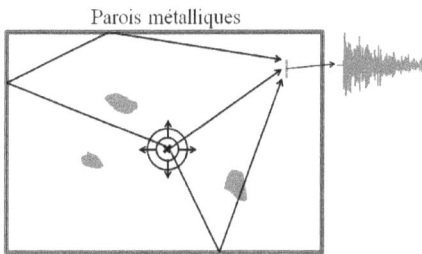

FIGURE 1.14 – Le MRT peut être remplacé par un simple capteur dans une cavité réverbérante.

Cette perte d'informations peut être partiellement évitée si la scène ondulatoire a lieu au sein d'une cavité réverbérante. Différentes études [38,39] ont démontré que, dans le cas d'un milieu réverbérant, le réseau de capteur en réception peut être remplacé par un simple capteur (Fig. 1.14). En effet, la réponse impulsionnelle reçu par ce capteur sera décomposée en une superposition d'impulsions provenant de plusieurs milliers de réflexions : tout se passe comme si nous disposons d'un émetteur virtuel associé à chacune de ces réflexions. La cavité réverbérante possédant la propriété d'ergodicité, ceci explique que le processus de RT parvienne à reconstituer un front convergent sphérique complet, donnant naissance au pic de focalisation optimal. Ainsi les premières expérimentations en électromagnétisme se sont déroulées dans une CR. Cet environnement confiné va nous permettre de profiter des différentes réflexions que subit l'onde

53

sur les parois métalliques de la chambre ce qui assure qu'un unique capteur (collectant ces échos) suffit à capter les informations nécessaires à une
expérience de RT.

1.5.2   Retournement temporel des ondes électromagnétiques

Un milieu de propagation est dit réversible si un champ et son retourné
temporel peuvent se propager dans un tel milieu, autrement dit si $\Phi(t)$ et
$\Phi(-t)$ sont solutions de la même équation de propagation. En électromagnétisme l'équation de propagation dans un milieu uniforme et non dissipatif est donnée par :

$$\frac{1}{c^2}\frac{\partial^2 \Phi}{\partial t^2} = \Delta\Phi \qquad (1.50)$$

où Φ représente le champ électrique $\mathbf{E}$ ou magnétique $\mathbf{H}$ et c la vitesse de
propagation des ondes électromagnétiques dans le milieu.

En supposant que $\Phi_0(t)$ soit une solution de l'équation (1.50), l'absence de dérivée première en temps dans le membre de gauche conduit
à l'existence d'une autre solution inversée chronologiquement $\Phi_1(t) =
\Phi_0(-t)$. Donc l'équation (1.50) est invariante sous l'action de l'inversion
du temps et théoriquement une scène électromagnétique peut être rejouée
à l'inverse du temps final $t = \Delta t$ jusqu'à $t = 0s$.

En définissant le champ électrique estimé à la position $\mathbf{r}$ (donnée par
les dispositifs MRT ou CRT) et pour l'instant t par $\mathbf{E}(\mathbf{r}, t)$, les données
de RT sont tout d'abord stockées durant le temps d'expérimentation $T =
\Delta t$. Ensuite, les champs sont retournés et ré-émis suivant une chronologie
inverse (par exemple, un champ électrique $\mathbf{E}(\mathbf{r}, t)$ est re-transmis durant
l'étape de retournement selon $\mathbf{E}(\mathbf{r}, T - t)$, $t \in [0; T]$.

Déjà évoqué précédemment dans ce chapitre, une onde électromagnétique est décrite par quatre vecteurs champs, le champ électrique $\mathbf{E}$, le

champ magnétique **H**, l'induction électrique **D**, et l'induction magnétique **H**. Il a été démontré dans [40] que **E** et **D** sont des vecteurs pairs, en revanche **H** et **B** sont des pseudovecteurs impairs sous l'action de l'inversion du temps (une fonction f définie sur $\mathbb{R}$ est paire si $\forall x \in \mathbb{R}$ $f(-x) = f(x)$, et elle est impaire si $f(-x) = -f(x)$). Donc si on considère T_{RT} l'opérateur d'inversion de temps donné par $T_{RT}\{\Phi(\mathbf{r},t)\} = \Phi(\mathbf{r},-t)$, on peut écrire :

$$
\begin{aligned}
T_{RT}\{\mathbf{E}(\mathbf{r},t)\} &= \mathbf{E}(\mathbf{r},-t); & T_{RT}\{\mathbf{D}(\mathbf{r},t)\} &= \mathbf{D}(\mathbf{r},-t); \\
T_{RT}\{\mathbf{H}(\mathbf{r},t)\} &= -\mathbf{H}(\mathbf{r},-t); & T_{RT}\{\mathbf{B}(\mathbf{r},t)\} &= -\mathbf{B}(\mathbf{r},-t).
\end{aligned}
\tag{1.51}
$$

Dans ce chapitre, le positionnement de notre étude a été présenté. Ensuite dans ce manuscrit, et après une étude paramétrique et théorique du processus de RT en espace libre et en milieu réverbérant, nous allons introduire une façon originale pour effectuer des tests de susceptibilité impulsive en exploitant les propriétés bien connues du RT. En ce qui concerne la caractérisation par le calcul de la TSCS, l'étude numérique de cette technique va mettre en lumière les avantages apportés par cette dernière. Une classification suivant le calcul de la TSCS de différents brasseurs (dont celui du LASMEA) va être effectuée, et comparée à une hiérarchisation obtenue suivant les standards CEM normatifs. Dans le prochain chapitre, on va présenter les principes théoriques du processus de RT et de la technique du calcul de la TSCS en CR ainsi que les différentes méthodologies utilisées.

Chapitre 2

Illustrations des principes théoriques : méthodologies et attentes

---

Dans ce chapitre les principes théoriques du processus de RT sont détaillés. On évoquera dans un premier temps les fondements mathématiques de ce processus ainsi que la différence avec le conjugué de phase. La qualification du processus de RT, que ce soit en espace libre ou en milieu réverbérant, sera réalisée à travers l'étude des focalisations spatiale et temporelle. Dans un deuxième temps, les différents domaines d'applications du RT électromagnétique seront présentés. Au-delà des applications uniquement CEM, l'opérateur de RT sera détaillé, ce dernier apporte des informations sur le milieu de propagation ou sur la cible considérée si la focalisation a lieu sur cette dernière. Donc, il peut servir à caractériser des objets via sa décomposition en valeurs propres ou en valeurs singulières. Ensuite nous proposons une nouvelle technique, développée originellement en acoustique, servant à caractériser des cibles via leur section efficace totale de diffraction à l'issue d'un processus temporel en chambre réverbérante. Enfin une première comparaison numérique entre les fonctionnements des CRBM et CA via un test de susceptibilité est menée en mettant en lumière les avantages apportés par l'application de la technique de RT sur des tests de susceptibilités impulsives en chambre réverbérante.

2.1 Fondements mathématiques du retournement temporel en CR

Une illustration du RT électromagnétique dans un milieu réverbérant peut être obtenue à partir de la figure (2.1), où R_0 est une source ponctuelle représentant l'antenne d'émission, et R_i correspond au réseau de capteur en réception (MRT).

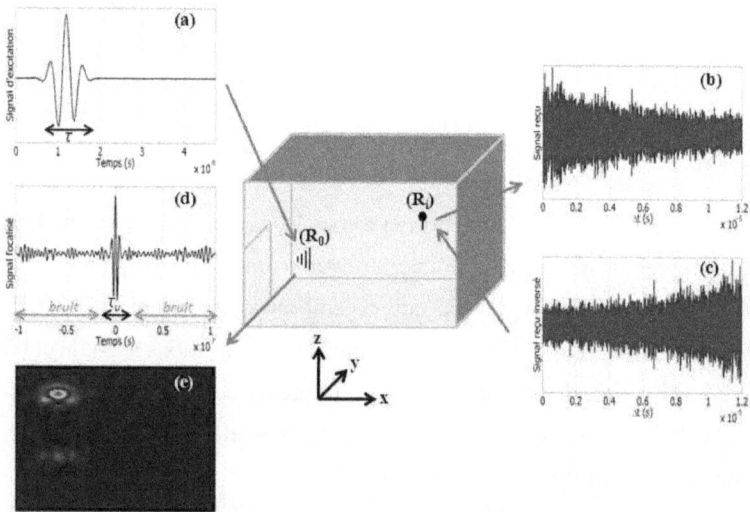

FIGURE 2.1 – Dispositif de RT, (a) : impulsion d'excitation, (b) : signal reçu, (c) : signal retourné temporellement, (d) et (e) : signaux focalisés temporellement et spatialement.

L'impulsion d'excitation utilisée est une gaussienne modulée par un si-

nus (Fig. 2.1a) émise du point R_0, les capteurs du MRT (R_i) enregistrent les
6 composantes du champs électromagnétiques, ces signaux sont retournés
par inversion du temps ou en faisant la conjuguée de phase de leurs trans-
formées de Fourier (méthode expliquée dans la section (2.1.1) et réémis
par R_i pour obtenir une focalisation en temps et en espace au niveau de R_0.

2.1.1 Retournement temporel et conjugué de phase

Soit $\tilde{\Phi}(\mathbf{r}, \omega)$ la transformée de Fourier du champ $\Phi(\mathbf{r}, t)$. Dans [28], il a
été vérifié que le retournement temporel d'un signal correspond à la trans-
formée de Fourier inverse (TF_{inv}) de la conjuguée de phase de sa transformée de Fourier :

$$T_{RT}\{\Phi(\mathbf{r}, t)\} = \Phi(\mathbf{r}, -t) = TF_{inv}\{\tilde{\Phi}^*(\mathbf{r}, \omega)\} \tag{2.1}$$

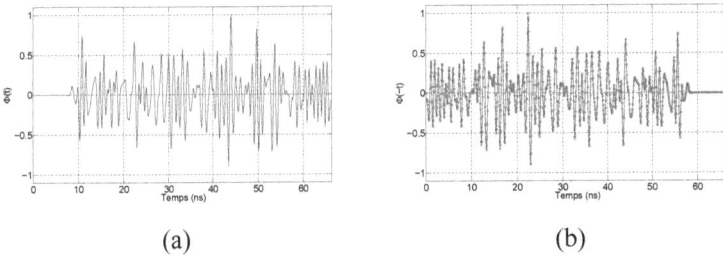

(a)   (b)

FIGURE 2.2 – (a) Signal temporel $\Phi(t)$. (b) $\Phi(-t)$ par retournement
temporel (courbe continue) et par la transformée de Fourier inverse de sa
conjugué de phase (marqueurs).

Dans la figure (2.2a) l'évolution d'un signal en fonction du temps est
tracé, et dans la figure (2.2b) on a vérifié qu'on peut retourner temporellement un signal en faisant la conjuguée de phase de sa transformée de
Fourier ou par une simple inversion par rapport au temps.

Dans notre étude, nos simulations sont effectuées par la méthode FDTD et par le solveur transitoire du logiciel CST MICROWAVE STUDIO®, en d'autre terme toutes nos données sont en temporelles. Ainsi pour la deuxième phase du processus de RT les signaux sont inversés chronologiquement par rapport au temps et sans passer par le conjugué de phase de la transformée de Fourier.

2.1.2   Mise en équations

Le signal reçu (Fig. 2.1b) par un capteur du MRT (suite à une impulsion $x(t)$ (Fig. 2.1a) émise de R_0) s'écrit :

$$y_i(t) = k(R_0 \rightarrow R_i, t) \otimes x(t) \tag{2.2}$$

où $\otimes$ correspond au produit de convolution, et $1 \leq i \leq M$ avec M : le nombre de capteur du MRT, et $k(R_0 \rightarrow R_i, t)$ correspond à la réponse impulsionnelle du milieu en un point R_i pour une impulsion émise de R_0. En effet $k(t)$ peut être modélisée par une séquence d'échos (d'amplitude Γ_i) de l'impulsion initiale $x(t)$ (Fig. 2.3a-2), donc on peut écrire :

$$k(t) = \sum_{i=1}^{Necho} \Gamma_i \delta(t - t_i) \tag{2.3}$$

avec $\delta(t)$ l'impulsion de Dirac. Après l'inversion de $y_i(t)$ par rapport au temps (Fig. 2.1c) et l'émission à partir de R_i, le signal focalisé en R_0 (Fig. 2.1d) peut être écrit sous la forme suivante :

$$E_{RT}(R_0, t) = \sum_{i=1}^{M} k(R_i \rightarrow R_0, t) \otimes y_i(-t) = \sum_{i=1}^{M} k(R_i \rightarrow R_0, t) \otimes k(R_0 \rightarrow R_i, -t) \otimes x(-t) \tag{2.4}$$

En effet, en inversant l'ordre d'arrivée des échos de l'impulsion initiale et en l'injectant dans le même milieu (Fig. 2.3b-3), cela revient à appliquer la réponse du milieu $k(t)$ à chacun des échos présents dans le signal

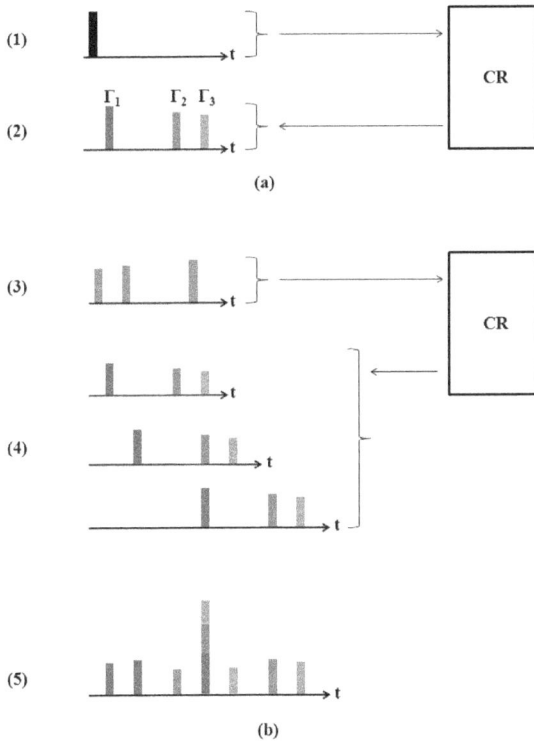

FIGURE 2.3 – Illustration du processus de RT. (a) : Première phase, (1) :
émission d'une excitation, (2) : réponse impulsionnelle reçue. (b) :
Deuxième phase, (3) : ré-émission de la réponse impulsionnelle retournée,
(4) : chaque écho reproduit ses propres échos réciproques, (5) : le signal
focalisé résulte de la somme de tous les trajets

retourné (Fig. 2.3b-4). On remarque comment les différents échos vont se
superposer et s'interférer d'une manière constructive à l'instant de focalisation et d'une manière destructive en dehors de cet instant (Fig. 2.3b-5).
Cette hypothèse est valable à la condition que le milieu présente peu de
perte, dans ce cas les valeurs des amplitudes des échos (Γ_i) sont proches.
Dans le cas contraire, où les pertes sont très élevées, la somme construc-

tive à l'instant de focalisation n'augmentera pas aussi rapidement et on va se retrouver avec une amplitude de la partie cohérente des échos du même ordre de grandeur que l'amplitude de la partie incohérente en dehors de l'instant de focalisation.

Finalement, l'avantage de travailler dans le domaine fréquentiel est de remplacer le produit de convolution par un simple produit. Or, retourner temporellement un signal correspond à la conjugué de phase de sa transformée de Fourier, l'équation précédente (Equ. 2.4) prend la forme suivante dans le domaine fréquentiel :

$$E_{RT}(R_0, \omega) = \sum_{i=1}^{M} k(R_i \rightarrow R_0, \omega).k^*(R_0 \rightarrow R_i, \omega).x^*(\omega). \qquad (2.5)$$

Sous forme matricielle, l'équation (2.5) s'écrit :

$$E_{RT}(R_0, \omega) = K(R_i \rightarrow R_0, \omega).K^*(R_0 \rightarrow R_i, \omega).x^*(\omega) \qquad (2.6)$$

Dans l'équation (2.6), la matrice de propagation K correspond à la transformée de Fourier de différentes réponses impulsionnelles entre 1 émetteur et M capteurs. Maintenant, si le milieu est réversible, grâce au théorème de réciprocité, les positions d'un point source et d'un capteur peuvent être inversées sans altérer le champ. Par conséquent, la réponse impulsionnelle de R_0 à R_i est égale à celle de R_i à R_0, et donc la matrice $K(R_0 \rightarrow R_i, \omega)$ est égale à la matrice $K(R_i \rightarrow R_0, \omega)$, en d'autre terme la matrice K est symétrique.

2.1.3   Operateur de retournement temporel

Afin de construire l'Opérateur de Retournement Temporel (ORT), considérons maintenant le cas où on a $M \times M$ émetteurs/récepteurs. Les M émetteurs émettent successivement M impulsions $x_i(t)(i = 1, ..., M)$ qui peuvent être décrites dans le domaine fréquentiel par un vecteur X contenant M

composantes pour chaque fréquence. Les M composantes reçues par les récepteurs peuvent être écrites par un produit matricielle KX. Quand les signaux sont retournés (conjugué de phase dans le domaine fréquentiel) et retransmis, le vecteur résultant est $K^t K^* X^*$, avec K la matrice de propagation $M \times M$ et K^t sa transposée. Donc l'équation (2.6) s'écrit :

$$Foc(\omega) = K^t(\omega)K^*(\omega)X^*(\omega) \qquad (2.7)$$

avec Foc le vecteur contenant les M focalisations pour chaque fréquence. Il est intéressant de noter que $T(\omega) = K^h(\omega)K(\omega)$ est l'ORT [41], c'est une matrice carrée et symétrique où h représente la conjuguée hermitienne (transposée conjuguée). En réalisant une décomposition en valeurs singulières de la matrice de propagation, on aura $K(\omega) = U(\omega)\Lambda(\omega)V^t(\omega)$, où U et V sont des matrices unitaires et Λ est une matrice diagonale dont ses éléments sont les valeurs singulières Λ_i. D'autre part, la décomposition en valeurs propres de l'ORT donne $T(\omega) = V(\omega)S(\omega)V^t(\omega)$, avec $S(\omega) = \Lambda^t(\omega)\Lambda(\omega)$ la matrice diagonale des valeurs propres qui sont les carrés des valeurs singulières de la matrice de propagation, et V est la matrice unitaire des vecteurs propres. Cette décomposition de l'ORT nous donne des informations sur le milieu de propagation. Dans le domaine de la détection, la méthode de Décomposition de l'Opérateur de Retournement Temporel (DORT) [42] apporte des informations sur le coefficient de diffraction de la cible via les valeurs propres et des informations sur sa position via le vecteur propre associé de l'ORT.

2.2 Définitions et méthodologies numériques en retournement temporel

Dans ce livre, le RT est appliqué de façon numérique, afin de faciliter sa caractérisation dans différentes configurations. D'un point de vue pratique, il est plus facile de réaliser une étude paramétrique numériquement qu'expérimentalement. Par exemple, une étude numérique offre la possibilité de choisir entre une CRT et un MRT, le nombre de capteurs, leurs positions, etc... dans de nombreux cas test.

La méthodologie proposée nécessite de rassembler les principes issus du RT et des études en CRBM. C'est pourquoi la méthode choisie doit prendre en compte les caractéristiques de chaque domaine. Pour cela, les simulations ont été réalisées à l'aide d'un code propre FDTD appliqué aux équations de Maxwell avec une formulation en champs **E** et **H**, et dans le dernier chapitre pour des cas plus complexes, un logiciel commercial (CST MICROWAVE STUDIO®) ; ceci en gardant à l'esprit que n'importe quel outil numérique résolvant les équations de Maxwell pourrait être utilisé.

2.2.1 Critères de focalisation

Afin de caractériser la qualité des focalisations temporelle et spatiale après le processus de RT, plusieurs critères vont être définis.

2.2.1.1 Amplitude maximale

La première idée concernant la qualité de la focalisation obtenue consiste à considérer la partie utile du signal reconstruit (voir la durée τ_u, Fig. 2.1d) et d'implémenter le maximum de la valeur absolue du signal focalisé.

$$Max\,(R_0) = \max_{t \in \tau_u}(|E_{RT}(R_0, t)|) \tag{2.8}$$

2.2.1.2 Tache focale

Le deuxième critère qui sert à qualifier la focalisation spatiale autour du point R_0 est la dimension de la tache focale (δ) qui est décrite en dimension deux (2D) par la distance suivant les directions x et y pour laquelle le champ électrique total focalisé à l'instant $t = 0$ (qui est l'instant de focalisation) reste compris entre $E_{RT}(R_0)$ et $E_{RT}(R_0)/2$ (en d'autre terme

$E_{RT}(R_0)/Max(R_0)$ appartient à $[-6 \; dB; 0 \; dB]$. La figure (2.4) illustre ce critère en 2D (le principe peut être étendu dans un espace tridimensionnel).

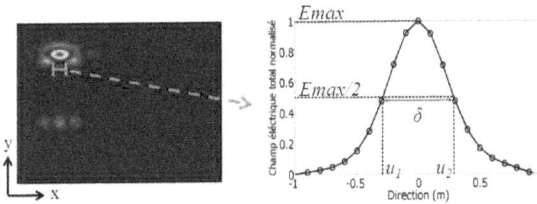

FIGURE 2.4 – Définition de la tache focale autour du point de focalisation.

Selon la figure (2.4), on peut écrire :

$$\delta_x = u_{x2} - u_{x1}$$
$$\delta_y = u_{y2} - u_{y1}$$

$\quad (2.9)$

où u_{x1}, u_{x2}, u_{y1}, et u_{y2} sont les positions, de part et d'autre de R_0 à l'instant de focalisation ($t = 0$), selon les directions x et y. À noter que la largeur de la tache focale en milieu réverbérant, selon la limite de diffraction, est de l'ordre de $\lambda/2$. En revanche en espace libre, la tache focale est donnée par la formule suivante :

$$\delta = \frac{\lambda F}{d}$$

$\quad (2.10)$

avec F : la distance entre le point de focalisation (R_0) et le MRT (R_i), et d : la dimension du MRT.

2.2.1.3 Rapport signal sur bruit

Un critère important pour caractériser la focalisation en chambre reverbérante est le rapport Signal Sur Bruit (SSB), qui a été introduit théoriquement dans [38] suivant :

$$SSB \cong \frac{4\sqrt{\pi}\Delta H \Delta \Omega}{\frac{\langle \xi \rangle^4}{\langle \xi^2 \rangle^2} + \frac{\Delta H}{\Delta t}}$$

$\quad (2.11)$

65

où on a : Δt, la durée du signal retourné temporellement ; $\Delta \Omega$, la bande passante fréquentielle de l'émission ; ξ, la moyenne d'ensemble de l'amplitude des modes propres de la chambre ; ΔH, le temps d'Heisenberg donné par la formule suivante :

$$\Delta H = 2\pi n(\omega) \tag{2.12}$$

avec $n(\omega)$, la densité modale moyenne de la chambre réverbérante supposée constante sur toute la bande passante $\Delta \Omega$.

Numériquement, ce rapport peut être calculé à partir du signal temporel focalisé en R_0, on parle alors du rapport SSB temporel (SSB_t) qui correspond au rapport entre le carré de l'amplitude du pic de focalisation (Fig. 2.1d, $t = 0$) sur le bruit temporel autour du pic. Ce dernier est défini par le carré de la valeur efficace du champ sur le temps total de la simulation en dehors de la durée du signal utile (Fig. 2.1d, $t \notin \tau_u$). Ce rapport est donné par :

$$SSB_t = \frac{\langle E_{RT}\left(\mathbf{r} = R_0, t = 0\right)\rangle^2}{\left\langle E_{RT}^2\left(\mathbf{r} = R_0, t \notin \tau_u\right)\right\rangle} \tag{2.13}$$

où $E_{RT}(R_0, t)$ représente le champ électrique total focalisé en position initiale (R_0).

De manière similaire à l'équation (2.13), on peut aussi calculer le rapport SSB spatial (SSB_s) qui correspond au rapport du carré de l'amplitude du pic de focalisation du champ électrique total calculé en R_0 sur le carré de la valeur efficace du champ électrique total calculé sur le reste du domaine d'étude à l'instant de focalisation ($t = 0$), ce dernier peut être considéré comme "bruit spatial". On a donc :

$$SSB_s = \frac{\langle E_{RT}\left(\mathbf{r} = R_0, t = 0\right)\rangle^2}{\left\langle E_{RT}^2\left(\mathbf{r} \neq R_0, t = 0\right)\right\rangle} \tag{2.14}$$

Il a été prouvé que, pour des données moyennes et comme les CR sont des systèmes ergodiques (dans le domaine de l'analyse statistique, une des propriétés d'un système ergodique, est qu'une moyenne d'ensemble est équivalente à une moyenne temporelle), les rapports SSB temporel et spatial sont équivalents. Dans la suite, par abus de langage, on parlera de SSB pour les critères SSB temporel et spatial.

2.2.1.4 Étalement des retards

Afin de qualifier la focalisation temporelle (et de la relier aux aspects spatiaux) en chambre réverbérante, le paramètre d'étalement des retards est défini dans [43]. En effet, la réponse impulsionnelle présentée sur la figure 2.1b montre qu'une impulsion émise au niveau de l'émetteur sera reçue comme une succession d'impulsions (avec des temps d'arrivée différents). La racine carrée moyenne du paramètre d'étalement des retards (liant l'écart-type des délais avec la valeur moyenne) peut être écrite pour le champ **E** selon :

$$\tau_{RMS}(\mathbf{r}) = \sqrt{\frac{\int (\tau - \tau_m)^2 \, |E_{RT}(\mathbf{r}, \tau)|^2 \, d\tau}{\int |E_{RT}(\mathbf{r}, \tau)|^2 \, d\tau}} \qquad (2.15)$$

avec τ_m : valeur moyenne des retards du champ **E**. Les champs électriques E_{RT} sont donnés aux positions **r** et au temps τ. En conclusion, la donnée du retard τ_m est obtenue par :

$$\tau_m = \frac{\int \tau \, |E_{RT}(\mathbf{r}, \tau)|^2 \, d\tau}{\int |E_{RT}(\mathbf{r}, \tau)|^2 \, d\tau}. \qquad (2.16)$$

2.2.2 La méthode FDTD pour le retournement temporel

Les équations de Maxwell sont discrétisées en suivant l'algorithme de Yee [8], ces équations sont invariantes à la transformation d'inversion du temps [40]. Pour plus de simplicité, on va considérer ici une formulation

2D, le cas 3D peut être obtenu par une simple modification. Dans la section (1.2.1.1) où la méthode FDTD a été présentée, nous avons vu que les champs électriques et magnétiques sont calculés par un schéma explicite "saute-mouton" à des intervalles de temps séparés d'un demi pas temporel (dt). Pour ce qui est du retournement temporel, on a besoin d'inverser la séquence du calcul. En effet le champ électrique à l'instant $t = (n-1/2)dt$ est calculé à partir du champ électrique à l'instant $t = (n+1/2)dt$ et du champ magnétique à l'instant $t = ndt$. Il suffit alors de reprendre les équations de Maxwell discrétisées et de les réécrire sous la forme désirée [44].

$$H_x^n\left(i + \frac{1}{2}, j\right) = H_x^{n+1}\left(i + \frac{1}{2}, j\right)$$
$$+ \frac{dt}{\mu}\left[\frac{E_z^{n+\frac{1}{2}}\left(i + \frac{1}{2}, j + \frac{1}{2}\right) - E_z^{n+\frac{1}{2}}\left(i + \frac{1}{2}, j - \frac{1}{2}\right)}{dy}\right] \tag{2.17}$$

$$H_y^n\left(i, j + \frac{1}{2}\right) = H_y^{n+1}\left(i, j + \frac{1}{2}\right)$$
$$- \frac{dt}{\mu}\left[\frac{E_z^{n+\frac{1}{2}}\left(i + \frac{1}{2}, j + \frac{1}{2}\right) - E_z^{n+\frac{1}{2}}\left(i - \frac{1}{2}, j + \frac{1}{2}\right)}{dx}\right] \tag{2.18}$$

$$E_z^{n-\frac{1}{2}}\left(i + \frac{1}{2}, j + \frac{1}{2}\right) = \frac{2\epsilon + \sigma dt}{2\epsilon - \sigma dt}E_z^{n+\frac{1}{2}}\left(i + \frac{1}{2}, j + \frac{1}{2}\right) - \frac{2dt}{2\epsilon - \sigma dt}\times$$
$$\left[\frac{H_y^n\left(i + 1, j + \frac{1}{2}\right) - H_y^n\left(i, j + \frac{1}{2}\right)}{dx} - \frac{H_x^n\left(i + \frac{1}{2}, j + 1\right) - H_x^n\left(i + \frac{1}{2}, j\right)}{dy}\right] \tag{2.19}$$

Les équations ci-dessus (Equ. 2.17, 2.18, 2.19) doivent être appliquées pour calculer le champ à des instants précédents à partir des instants futurs. Pour vérifier le bon fonctionnement de cet algorithme de retournement temporel, considérons un domaine 2D dont les parois sont simulées par des PEC. Une source d'excitation située au milieu du domaine émet une gaussienne. Le champ se propage dans le domaine pour une durée $t = t_1$. La figure (2.5a) montre la distribution du champ électrique E_z à l'instant $t = t_1$. Pour $t > t_1$, le temps est inversé et on considère la distribution du

(a)

(b)

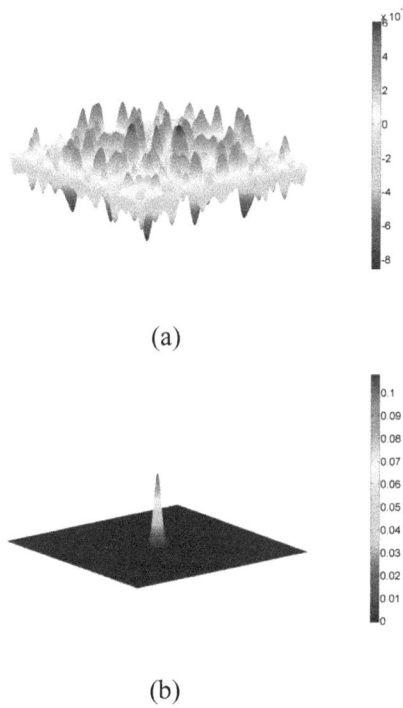

FIGURE 2.5 – (a) Distribution du champ électrique E_z à l'instant $t = t_1$. (b) Impulsion reconstruite obtenue par simulation FDTD inverse.

champ E_z à l'instant $t = t_1$ (Fig. 2.5a) comme condition initiale. Après ce temps, et à partir des équations FDTD modifiées, on arrive à reconstruire la distribution du champ de la source et on retrouve sa position (Fig. 2.5b). Cet algorithme de retournement temporel a été efficacement appliqué dans [45] pour la détection des objets diffractants dans un milieu.

La technique décrite ci-dessus ne peut avoir que des applications numériques puisque la composante du champ électrique doit être enregistrée en chaque point de discrétisation. Dans notre cas et pour éviter l'enregistrement du champ dans tout le domaine, ce qui serait impossible expérimentalement, nous allons nous concentrer sur la technique décrite sur la figure (2.1) où durant la deuxième phase de RT les signaux inversés sont retransmis sans changer les équations de Maxwell dans le code FDTD. Cette alternative est celle utilisée dans la plupart des expériences et des simulations numérique de RT.

2.2.3 Focalisation spatio-temporelle

Récemment dans le domaine de la CEM, le processus de RT commence à être appliqué sur les ondes électromagnétiques dans le but de contrôler la polarisation [46], et la directivité [47] de l'onde agressant l'EST dans un milieu réverbérant. Aussi dans le dernier chapitre de ce manuscrit, des études numériques ont été effectuées mettant en évidence l'importance de la focalisation sélective par RT dans une CRBM.

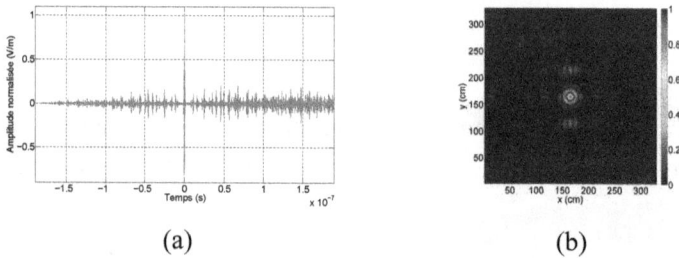

(a)   (b)

FIGURE 2.6 – (a) Focalisation temporelle au point source et (b) spatiale à l'instant de focalisation. Le temps de focalisation est arbitrairement choisi comme origine des temps.

Pour illustrer la focalisation spatio-temporelle par RT, considérons un domaine à deux dimensions $(3, 3 \times 3, 3 \ m^2)$ limité par des PEC, une source d'excitation située au milieu du domaine émet selon E_z (mode TM) un signal de type gaussienne modulée par un sinus $x(t)$, les 3 composantes du champ électromagnétique sont enregistrées par 8 capteurs constituant un

70

MRT. Après RT et réémission des signaux enregistrés, on arrive à focaliser temporellement et spatialement le champ électrique comme le montre la figure (2.6). Le temps de focalisation est arbitrairement choisi comme origine des temps. Le bruit (déterministe) autour du pic de focalisation est formé de lobes secondaires temporels, le niveau de ce bruit est calculé comme décrit dans la section (2.2.1.3).

La figure (2.7), dont les courbes correspondant aux signaux d'excitation retournée $x(-t)$ et à la focalisation temporelle E_{RT} au point source normalisés sont tracés, montre aussi qu'on arrive à retrouver la forme initiale du signal d'excitation.

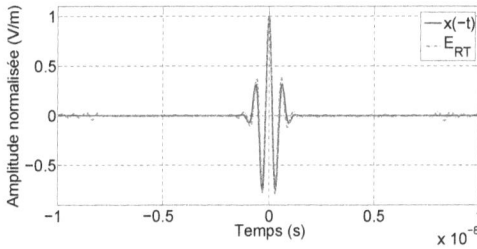

FIGURE 2.7 – Signal d'excitation temporel reconstruit par RT.

Le lieu de focalisation peut être contrôlé : pour focaliser le champ électrique en un autre point du domaine de calcul, il suffit de changer la position de la source d'excitation durant la première phase du processus, une autre alternative est de se servir de la diffraction d'une cible comme source secondaire si la focalisation va avoir lieu sur cette dernière (application médicale [48]).

Finalement, un exemple de changement de l'endroit de focalisation est présenté sur la figure (2.8) où on a tracé la cartographie du champ électrique à l'instant de focalisations pour trois configurations différentes.

Dans la section qui suit on va présenter comment on peut tirer profit du processus du RT afin de contrôler la directivité de l'onde dans un milieu

(a)

(b)

(c)

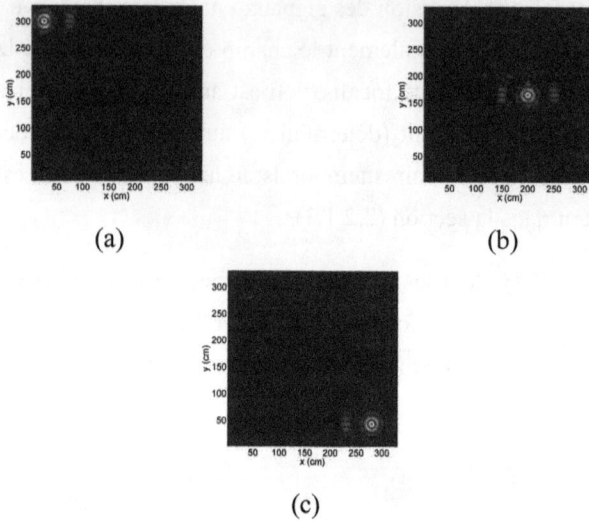

FIGURE 2.8 – Amplitude normalisée de trois taches focales correspondant à des focalisations spatiales situées en différents points du domaine de calcul.

fortement réverbérant.

2.2.4 Contrôle de la directivité de l'onde dans la CR

Un des avantages proposés par l'application de la technique de RT est le contrôle de la directivité de l'onde agressant l'EST. Cette idée a été premièrement proposé par H. Moussa [49]. Dans la partie précédente de ce chapitre la focalisation a eu lieu en un point de l'espace en utilisant durant la première phase une source ponctuelle. Néanmoins, dans les tests CEM, les EST sont des systèmes électriquement larges qui ne peuvent pas être considérées comme une antenne avec un port d'entrée qui peut être excité pour la première phase du RT. Pour cela le processus de RT va être effectué sur des composants présents dans l'EST et qui peuvent être considérés comme des dipôles (sources d'excitation, à voir dans le dernier cha-

72

pitre de ce manuscrit). Mais dans le cas contraire, si on désire focaliser sur l'EST lui-même, il faut enregistrer le champ diffracté par l'EST durant la première phase et retourner ce dernier durant la deuxième phase. Numériquement le champ diffracté par un EST peut être récupéré simplement ; au contraire, expérimentalement il est peut être difficile d'obtenir le rayonnement d'un EST. Ainsi, une alternative a été proposée et consiste à utiliser le principe d'équivalence [50].

Le principe d'équivalence est utilisé pour déporter le rayonnement d'une source localisée sur une surface de distribution équivalente de courant électromagnétique. Ceci permet de définir un volume de test à l'intérieur de cette surface équivalente dans lequel est placé l'EST (Fig. 2.9).

FIGURE 2.9 – Surface équivalente entourant l'EST.

Par analogie, tout se passe comme dans le cas d'une source ponctuelle. Les signaux nécessaires pour la deuxième phase du RT sont obtenus en faisant rayonner la surface équivalente dans le sens du MRT. Toutefois, mettre en œuvre une distribution continue de courant en une surface n'est pas réaliste. Une autre possibilité est de diminuer le nombre de sources utilisées en discrétisant spatialement la surface équivalente.

Dans cette partie on va appliquer numériquement cette alternative (qui a été validée expérimentalement dans [51]) par la méthode FDTD dans un domaine 2D. Pour cela on va considérer le DC utilisé dans la section précédente (section 2.2.3) avec un MRT composé de 8 capteurs (Fig. 2.10). La source d'excitation est une gaussienne modulée par un sinus à $f_c = 1,5$ GHz et $\Delta\Omega = 600$ MHz (calulée à -6 dB). Le choix du nombre de capteurs du MRT et de la durée du signal à retourner par rapport au temps, ainsi que l'influence de la fréquence centrale et de la bande passante utilisées sont étudiés dans le prochain chapitre.

PEC

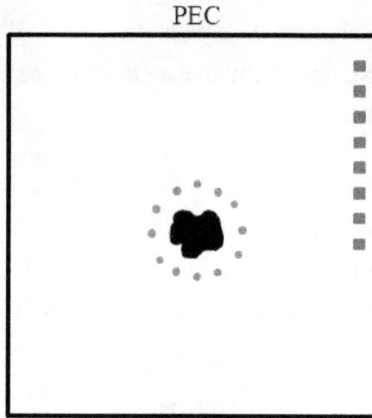

FIGURE 2.10 – Configuration numérique pour contrôler la directivité de l'onde par RT dans une CR, cercles : sources de la surface équivalente, carrés : capteurs du MRT.

Dans ce cas bidimensionnel, la surface équivalente est un simple cercle. Le nombre de sources nécessaires pour la surface équivalente est donné par [51] :

$$\Delta\theta = \frac{2\pi}{2\kappa r_0 + 1} \qquad (2.20)$$

où $r_0 = 20~cm$: rayon minimal du cercle de la surface équivalente et $\kappa = 2\pi/\lambda_{min}$. Ainsi on obtient une valeur de $\Delta\theta = 20°$, ce qui correspond à 18 sources. Malheureusement les sources de la surface équivalente sont isotropes donc elles rayonnent à la fois vers l'extérieur et vers l'intérieur (comme le montre la figure (2.11) où on a tracé le champ électrique E_z en un point à l'intérieur et à l'extérieur de la surface équivalente sans la présence de l'EST), alors que le diagramme de rayonnement doit être vers

74

l'extérieur et loin de l'EST afin d'éviter la réflexion du champ sur ce dernier. En effet, pour créer un front d'onde directif durant la deuxième phase, il faut que le rayonnement durant la première phase soit directif.

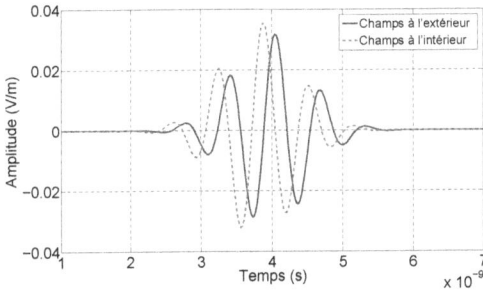

FIGURE 2.11 – Amplitude du champ à l'extérieur de la surface équivalente et à l'intérieur de celle-ci.

Pour régler ce problème une deuxième surface est ajoutée distante de $\lambda_{f_c}/4$ de la première. Le but est de créer un champ destructif vers l'intérieur et constructif vers l'extérieur en jouant sur la phase du signal d'excitation. Sur la figure (2.12), on a tracé un exemple de rayonnement réalisé par deux sources situées sur les deux surfaces équivalentes.

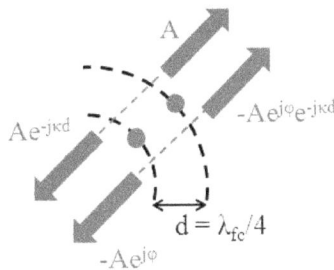

FIGURE 2.12 – Représentation du rayonnement réalisé par un couple de sources sur les deux surfaces équivalentes.

75

Les champs émis vers l'intérieur (E_{int}) et vers l'extérieur (E_{ext}) de la surface équivalente sont donnés par :

$$|E_{ext}| = \left| A \left(1 - e^{j(\varphi - \kappa d)} \right) \right| \qquad (2.21)$$

$$|E_{int}| = \left| A \left(e^{-j\kappa d} - e^{j\varphi} \right) \right| \qquad (2.22)$$

où φ correspond au déphasage qu'il faut avoir entre les deux surfaces. Pour obtenir un champ nul vers l'intérieur, et en considérons que l'atténuation d'amplitude entre les deux surfaces est négligeable, il faut que $\varphi = -\kappa d = -\frac{\pi}{2}$. Ce qui est vérifié par la figure (2.13), où on remarque que les champs (E_{int}) issus de la première et de la deuxième surface équivalente sont en opposition de phase, tandis que les champs (E_{ext}) sont en phase. Ainsi le champ à l'intérieur est quasi-nul par rapport au champ à l'extérieur.

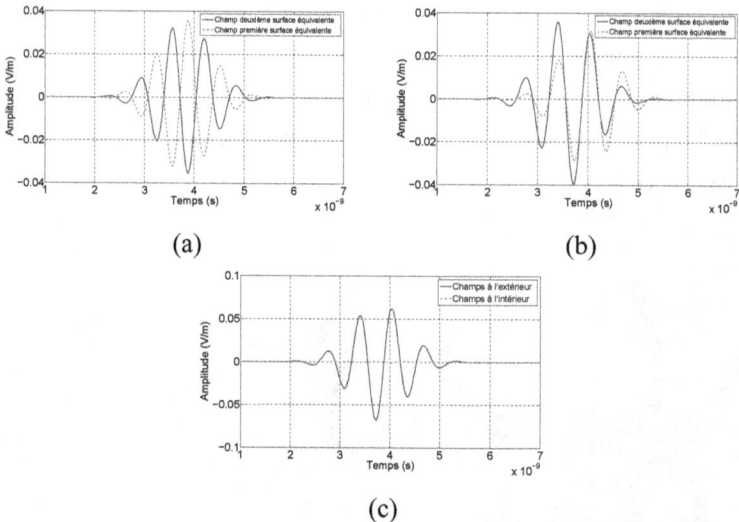

(a)   (b)

(c)

FIGURE 2.13 – Comparaison des champs générés par chacune des deux surfaces équivalentes (a) à l'intérieur et (b) à l'extérieur. (c) Amplitude du champ à l'extérieur de la surface équivalente et à l'intérieur de celle-ci.

Ainsi pour avoir un front d'onde directif durant la deuxième phase qui vient du côté droit du DC par exemple (Fig. 2.14), il faut (durant la deuxième phase) faire émettre les signaux correspondants aux sources de droite de la surface équivalente. L'accès à n'importe quelle caractéristique est possible via cette technique. Cette dernière nécessite cependant une étape de caractérisation du milieu de propagation (par le biais d'un opérateur de transfert) pour déterminer toutes les réponses impulsionnelles potentielles, et ceci une fois pour toute. L'avantage de cette méthode, proposée dans [51], réside dans la synthèse "en direct" des signaux à injecter sur les antennes pour contrôler "en temps réel" les directivité, polarisation, et formes des impulsions agressant l'EST. Ceci présente l'avantage d'éviter d'avoir à faire rayonner physiquement le réseau équivalent pour chaque besoin (polarisation, directivité, forme). Enfin, on a tracé sur les figures (2.15, 2.14) deux exemples correspondant respectivement à un front d'onde nondirective et un autre directive. Ces exemples vérifient bien la possibilité du contrôle de la directivité d'une onde dans une CR par le processus de RT.

Dans cette section, nous avons vu comment on peut contrôler la directivité de l'onde agressant l'EST dans un milieu réverbérant, ce paramètre qui est une caractéristique importante de la chambre anéchoïque est devenu applicable en chambre réverbérante par l'utilisation de la technique de RT.

Parmi les domaines d'application du RT électromagnétique, il y a le domaine de la télédétection. Ainsi, différents travaux [52,53] ont permis de tirer bénéfice de la méthode de RT pour la détection des sources de rayonnement et des objets enfuis. Un exemple de détection des objets enfuis dans le sol par retournement temporel est décrit dans la suite.

2.2.5 Localisation d'objet

À l'heure actuelle les nouvelles technologies, comme le radar impulsionnel large bande, autorisent l'identification de substances ou d'objets

(a) $t = -5,46\ ns$

(b) $t = -4,44\ ns$

(c) $t = -2,35\ ns$

(d) $t = -0.89\ ns$

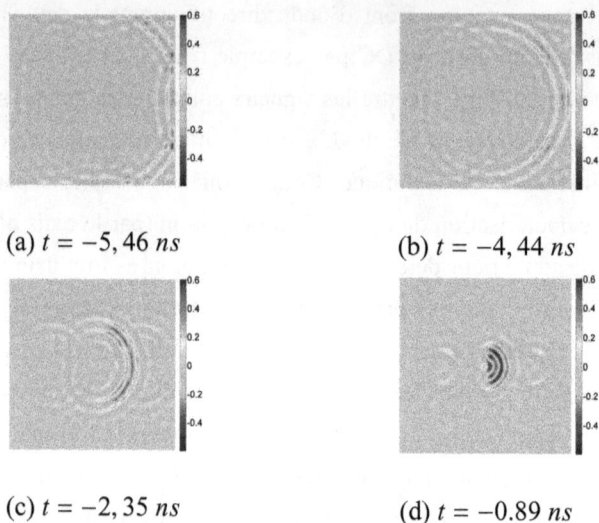

FIGURE 2.14 – Contrôle de la directivité : front d'onde directive obtenu durant la deuxième phase de RT.

[54] à travers des milieux (sols, obstacles). L'utilisation de ces technologies conjointement avec la technique de RT peut présenter des avantages notamment dans l'exploitation optimale de données radar. Différents travaux ont été menés concernant l'utilisation du procédé de RT pour la détection d'objets enfouis. Une étude numérique est détaillée dans [53] concernant la décomposition de l'opérateur de RT (méthode DORT). À partir de plusieurs configurations incluant différentes positions des émetteurs et récepteurs, pour une fréquence donnée, il est possible d'en déduire le nombre et la localisation du(des) objet(s). La technique autorise le choix d'une focalisation sur l'un des objets détectés. Une autre technique de RT detaillée dans [45] consiste à mener la seconde étape du retournement temporel à partir du retournement chronologique des champs diffractés par l'objet, puis à relever la cartographie du champ pour chaque itération en temps. Cette approche paraît difficilement réalisable en raison de son coût mémoire et de la

(a) $t = -5,46\ ns$

(b) $t = -4,44\ ns$

(c) $t = -2,35\ ns$

(d) $t = -0.89\ ns$

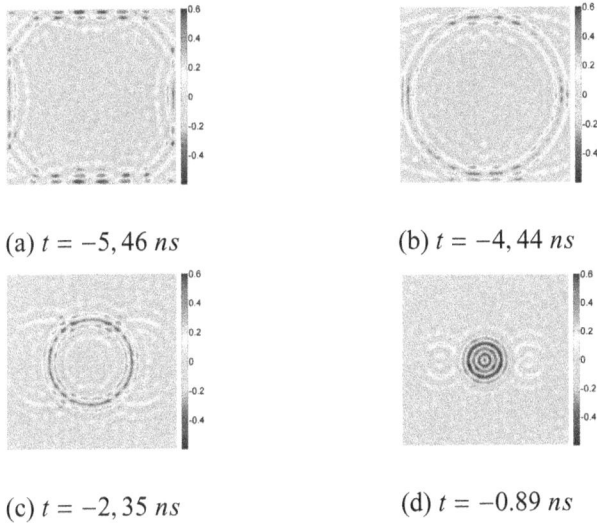

FIGURE 2.15 – Contrôle de la directivité : front d'onde non-directive obtenu durant la deuxième phase de RT.

nécessité de repérer l'instant de focalisation (inconnu a priori). Malgré tout, une solution est proposée à partir du RT et du produit de convolution entre le signal incident et le retournement du champ électrique diffracté par l'objet enfoui. Ceci permet d'éviter l'écueil précédent. La méthode consiste à réaliser la convolution du signal d'excitation incident ($x(t)$) avec le signal issu de la diffraction de l'objet retourné temporellement ($y(-t)$). Compte tenu du caractère causal des signaux utilisés et en raison de la limitation du temps de simulation, le produit de convolution peut être évalué en même temps que la deuxième étape du RT.

On considère ici un exemple simple schématisé sur la figure (2.16) : le domaine de calcul discrétisé uniformément dans les deux directions ($dx = dy = 1\ cm$) est tronqué par des conditions limites absorbantes, la source présente un profil gaussien ($f_{max} = 3\ GHz$) et 20 récepteurs constituent le MRT. Une plaque métallique mince de 3 cm de longueur est enfouie

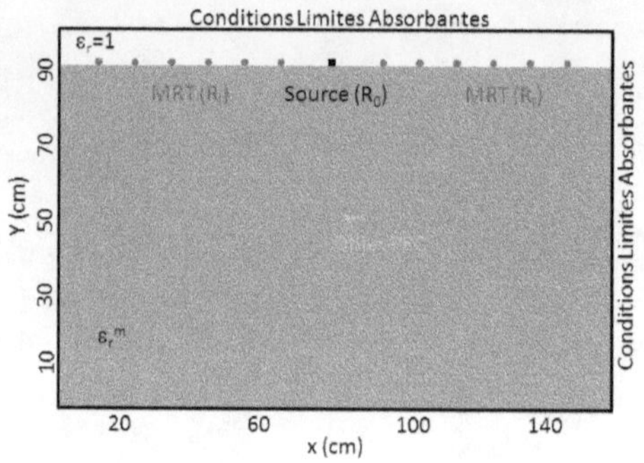

FIGURE 2.16 – Localisation d'un objet par RT et produit de convolution. Dispositif numérique : DC (1×1.5 m^2), milieu diélectrique (bleu), objet métallique (PEC), source localisée au centre de l'interface air/milieu (R_0), MRT (R_i).

dans un sol représenté par un milieu diélectrique uniforme ($\epsilon_r = 3$) à la position $x = 80/82$ et $y = 50$. Les résultats obtenus sont représentés sur la figure (2.17). On constate la bonne précision de la méthode qui permet de localiser la plaque métallique décrite précédemment. La méthode peut très bien s'appuyer sur des résultats expérimentaux (mesures radar), les protocoles de post-traitements ainsi que de RT resteraient inchangés.

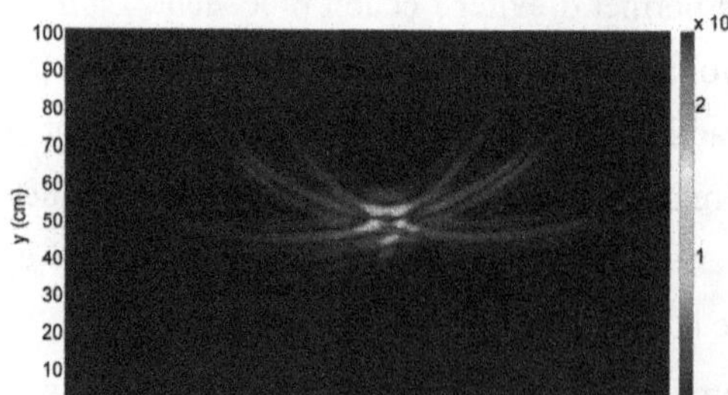

FIGURE 2.17 – Détection par RT et produit de convolution.

On peut noter que, si d'autres méthodes similaires existent (sommation cohérente, isolement des coeurs de pieuvres [54], le RT se distingue par sa grande précision. En déplaçant la source d'émission, il est possible d'améliorer la précision du processus (avec un nombre similaire de mesures au cas d'un B-scan [45].

L'inconvénient de l'utilisation d'un post-traitement adapté de données radar par une méthode de RT associée à un produit de convolution est qu'elle permet de localiser un objet enfouis dans un milieu diélectrique uniforme ce qui est rarement le cas dans la réalité. Dans le cas où le milieu diélectrique est non uniforme une connaissance du milieu sans l'objet à détecter est nécessaire pour pouvoir appliquer ce processus de détection par RT.

2.2.6 Caractérisation d'objet

Pour beaucoup de scénarios de détection, il y a un grand intérêt à connaître les caractéristiques des cibles/diffuseur ainsi que si elles sont facilement détectables ou non, et à les classifier suivant l'analyse de leur signature de diffusion. La gamme de fréquence employée dans les études influe également sur la signature des cibles. En basse fréquence, les détails de la forme des cibles ne peuvent pas être récupérés. En outre pour les hautes fréquences, on arrive mieux à extraire ces détails de forme. Par conséquent, l'utilisation des signaux à ultra large bande peut être très intéressante puisqu'ils peuvent exploiter les avantages des basses fréquences (une pénétration plus profonde dans les environnements à perte) et des hautes fréquences. Une telle méthode qui utilise et s'appuie sur ces signaux est la technique de RT [55] présentée plut tôt dans le chapitre précédent.

Ainsi la classification d'objets va se faire via la technique RT, nous allons étudier la matrice de propagation employée par le processus et détaillée dans la section (2.1.3) dans une tentative de fournir des informations de caractérisation supplémentaires pour des diffuscurs de différents formes et caractéristiques. Plus précisément, nous allons analyser l'opérateur de RT en appliquant une décomposition en valeurs singulières (en anglais : Singular Value Decomposition, SVD) de ce dernier. La configuration numérique de cette étude est donnée par la figure (2.18).

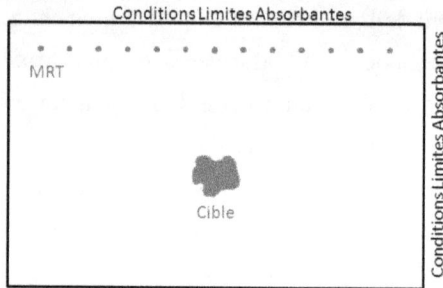

FIGURE 2.18 – Configuration numérique de la caractérisation par RT.

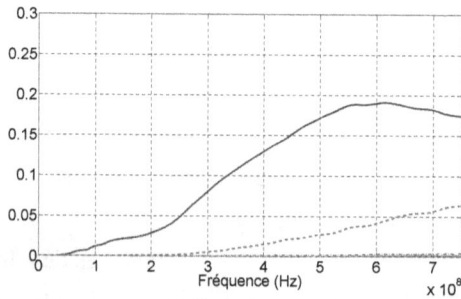

FIGURE 2.19 – Distribution globale des valeurs singulières de l'ORT pour un carré métallique (30 $cm \times 30\ cm$).

Dans le chapitre suivant une classification de différents objets à l'issu de leur signature SVD (Fig. 2.19) est menée. On va vérifier la robustesse de cette méthode ainsi que ces désavantages. En effet, l'inconvénient de cette caractérisation par RT est que cette méthode peut donner des résultats différents dans le cas où le MRT est placé dans une autre position par rapport à l'objet. Mais le désavantage majeur de cette technique précédente (en dehors de la connaissance précise des paramètres du milieu de propagation) concerne leur besoin d'un post-traitement fréquentiel de l'opérateur (DORT, SVD). Dans la partie suivante, une méthode de caractérisation d'objet via le calcul de la section efficace totale de diffraction de ce dernier dans une CR par simulation temporelle est détaillée.

2.3 Caractérisation par le calcul de la section efficace totale de diffraction

Etant donné que les CRBM sont devenues des moyens d'essais largement utilisés dans le domaine de la compatibilité électromagnétique, les différents équipements présents en CRBM (à savoir les antennes, les sondes de mesure, l'EST, le brasseur de modes) peuvent affecter les mesures en raison de leur pouvoir d'absorption ou de diffusion du champ électromagnétique. Ainsi, il est important de connaître l'intensité d'absorption ou de diffraction de ces objets. Dans cette partie, on propose de caractériser ces objets à l'intérieur de la chambre via un facteur : la section efficace de diffraction (en anglais : Scattering Cross Section, SCS).

La section efficace de diffraction caractérise le pouvoir diffractant d'un objet. Elle est liée à l'énergie par unité de temps diffusée par l'objet pour une onde plane incidente. Le choix des dispositifs avec petite ou grande valeur de la section efficace de diffraction dépend de l'application, par exemple le brasseur de modes dans la CRBM joue un rôle essentiel pour atteindre l'uniformité statistique dans le volume utile de la CRBM. Pour cela, et afin de développer un brasseur de modes efficace, l'idée peut sembler intéressante d'avoir un brasseur avec une grande section efficace de diffraction ; contrairement aux sondes et aux antennes dont la valeur de section efficace de diffraction est espérée faible. Au cours de la dernière décennie, de nombreux travaux en CRBM ont eu pour but de caractériser le brasseur (forme et emplacement) [56] selon des tests liés aux standards CEM [23].

Historiquement, lié à la définition de la section efficace radar, les calculs (numérique ou expérimental) de la section efficace de diffraction ont été menés en espace libre pour un objet situé en champ lointain (relativement à la fréquence de l'onde incidente). À partir de [57], pour un objet et une onde plane à une fréquence (f), polarisation et incidence (θ,ϕ) données, la section efficace de diffraction peut être écrite à partir du champ diffracté E_d (en champ lointain à une distance R) et le champ incident E_i comme :

$$SCS(\theta, \phi) = 4\pi R^2 |E_d|^2 / |E_i|^2 \qquad (2.23)$$

L'objet étudié doit être illuminé par un grand nombre d'ondes planes (incidences et polarisations) pour complètement calculer la section efficace totale de diffraction (section efficace de diffraction moyennée sur toutes les directions et polarisations). Or d'un point de vue expérimental ou numérique, ce calcul s'avère très pénalisant en terme de temps de mesure, et devient parfois inexploitable si l'objet a une forme géométrique complexe puisque le calcul de la TSCS aura besoin d'un nombre pénalisant d'ondes planes, d'où l'importance de trouver une autre méthode pour estimer ce paramètre.

Loin des applications purement CEM, de nombreux traitements électromagnétiques peuvent avoir besoin de la simplicité de la CRBM. Dans ce contexte, nous adapterons et étendrons une technique [58] qui utilise une CR pour calculer la section efficace globale de diffraction, en d'autre terme la section efficace totale de diffraction, d'un objet par un processus temporel.

Dans cette partie, nous allons présenter la nouvelle technique proposée ainsi que ces principes théoriques. Les avantages apportés par cette tech-

84

nique par rapport à la méthode classique de calcul en espace libre seront
détaillés.

2.3.1 Calcul de la section efficace totale de diffraction en chambre réverbérante

La diffusion du champ dans la CRBM est due à la réflexion multiple
des ondes sur les parois métalliques de la cavité. Un facteur de qualité (Q)
important est nécessaire pour fournir un nombre suffisant de réflexions.
Evidemment l'intensité de diffraction de l'EST va entraîner des interactions différentes entre l'équipement et l'environnement électromagnétique
intérieur. Selon [59], le facteur de qualité peut être dérivé de la somme
des différents composants liées au facteur d'absorption des objets présents
dans la chambre (Q_a) et d'autres sources de pertes Q_0 (Murs, antennes, diffuseurs). Si la section efficace d'absorption (en anglais Absorption Cross
Section : ACS) peut être calculée à partir des mesures de Q_a [60], le calcul
de la TSCS en chambre réverbérante peut paraître particulièrement important. Un double intérêt existe pour calculer l'ACS et la TSCS dans la
CRBM. D'une part elle permet de quantifier le facteur Q (ACS) et d'autre
part la TSCS de l'objet testé fournit des données utiles concernant sa capacité à interagir ou non avec l'environnement interne de la CRBM.

La technique du calcul de la TSCS dans un milieu réverbérant a été
originalement proposée en acoustique [38] et a été appliquée au dénom-
brement de poissons en pisciculture, ensuite dans [61] elle a été utilisée
pour calculer la TSCS de différentes sphères. L'intérêt de cette méthode
pour le calcul de la TSCS de différents objets nécessite son application aux
ondes électromagnétiques.

Théoriquement cette technique consiste à mesurer la moyenne du champ
généré par une source d'excitation en fonction du temps sur différentes positions de l'objet testé dans la chambre réverbérante. En effet, si une im-

85

pulsion est émise dans un milieu réverbérant sans objet diffractant à l'intérieur, le signal enregistré est constitué des réverbérations multiples sur les parois de la cavité. Si maintenant un objet diffractant est introduit dans la chambre, le champ enregistré à l'issu d'une impulsion d'excitation se scinde en deux contributions celle qui a été diffractée au moins une fois par l'objet diffractant et celle qui s'est propagée dans la cavité sans interagir avec ce dernier. Maintenant, si les positions de la source d'excitation et du récepteur sont fixes, et que entre deux émissions par la source l'objet diffractant a bougé, les contributions aux champs diffractés par l'objet ne sont pas les mêmes alors que les échos de la cavité restent identiques. Pour différentes positions de l'objet diffractant, le champ réfléchi par les parois de la chambre est cohérent entre les différents enregistrements tandis que le champ diffracté par l'objet testé est incohérent. En moyennant par rapport aux différentes positions la partie du champ diffracté par l'objet est atténuée, cela est dû à l'interférence destructive du champ incohérent alors que ceux venant des parois sont renforcés. La réponse moyenne provient donc du champ qui n'a jamais été diffusé par l'objet diffractant. C'est l'évolution temporelle de cette moyenne qui va nous permettre d'estimer la valeur de la TSCS.

On notera l'avantage notable de cette technique qui est indépendante de l'absorption dans le milieu. Dans la section suivante, les éléments théoriques ainsi qu'une démonstration numérique de cette technique sont présentés.

2.3.2 Principes théoriques et étude statistique

En s'appuyant sur les remarques précédentes, les propriétés du champ électrique **E** interne dans la CR [62] laissent présager le grand intérêt des CRBM pour le calcul de la TSCS. Actuellement, un processus a été expérimentalement conçu pour effectuer le calcul de la TSCS dans un milieu réverbérant en combinant les résultats de différentes positions des sources, récepteurs et objet testé [58]. Dans cette approche, on va se référer à la représentation statistique de Hill [62] car cette approche est bien adaptée à l'analyse de l'évolution du champ électromagnétique généré par une impulsion à l'instant $t = 0$. Après un certain temps, le champ est uniformément réparti dans la chambre (sauf près des parois). La décroissance exponentielle de l'énergie, représentée par la moyenne quadratique du champ électrique généré par une impulsion, est due à l'absorption. À partir du champ électrique E_p (p correspond à la composante cartésienne de $\mathbf{E}$), on peut écrire une relation impliquant la valeur moyenne respectivement sur les sources α et les récepteurs β (donnée par $\langle . \rangle_{\alpha,\beta}$)) comme suit [58] :

$$\left\langle E_p^2(t) \right\rangle_{\alpha,\beta} = \left\langle E_p^2(0) \right\rangle_{\alpha,\beta} \exp\left[-2\pi f t/Q\right] \qquad (2.24)$$

En plus de la décroissance exponentielle due à l'absorption, le champ est aussi amorti par les différents éléments internes à la CRBM (parois, antennes, brasseur et EST). Étant donné le caractère multi-diffuseur de l'environnement dans cette dernière, il est nécessaire de distinguer le champ diffracté par ces différents composants. Par conséquent, les mesures précédentes sont réalisées plusieurs fois pour les différentes positions de l'objet étudié (EST) tout en maintenant les positions des autres éléments. À partir de la valeur moyenne du champ $\mathbf{E}$ sur les positions de l'objet γ (notée $\langle . \rangle_\gamma$)), on peut écrire une relation similaire à (2.24) comme suit :

$$\left\langle \left\langle E_p(t) \right\rangle_\gamma^2 \right\rangle_{\alpha,\beta} = \left\langle \left\langle E_p(0) \right\rangle_\gamma^2 \right\rangle_{\alpha,\beta} \exp\left[-t\left(\frac{1}{\tau_s} + \frac{2\pi f}{Q}\right)\right] \qquad (2.25)$$

Le temps τ_s représente le temps pour lequel l'objet testé diffracte l'onde au moins une fois et il est directement lié à la TSCS de l'objet puisqu'une relation entre la TSCS et τ_s est établie dans [63] ; pour N_{obj} objets dans une CR (vide, célérité c) de volume V, on peut écrire :

$$TSCS = V/\left(N_{obj}\tau_s c\right) \qquad (2.26)$$

Afin de calculer la TSCS en CR, on définie le rapport C comme suit :

$$C(t) = \left\langle \left\langle E_p(t) \right\rangle_\gamma^2 \right\rangle_{\alpha,\beta} / \left\langle E_p^2(t) \right\rangle_{\alpha,\beta,\gamma} \qquad (2.27)$$

En effet, à l'instant $t = 0$, le champ $\mathbf{E}$ n'a pas atteint l'objet étudié, ainsi on peut déduire que $\left\langle \left\langle E_p(0) \right\rangle_\gamma^2 \right\rangle_{\alpha,\beta} = \left\langle E_p^2(0) \right\rangle_{\alpha,\beta,\gamma}$. Enfin, si les acquisitions sont suffisantes, la partie du champ $\mathbf{E}$ diffracté par l'objet n'est pas la même en chaque position de l'objet et leur moyenne est nulle, donc l'expression $\left\langle \left\langle E_p(t) \right\rangle_\gamma^2 \right\rangle_{\alpha,\beta}$ décroît plus rapidement que $\left\langle E_z^2(t) \right\rangle_{\alpha,\beta,\gamma}$, par conséquence $C(t)$ décroît exponentiellement et τ_s peut être linéairement dérivé de :

$$\tau_s(t) = -t / \ln\left[C(t) \right] \qquad (2.28)$$

Dans la suite, à partir des relations (2.26), (2.27) et (2.28), il sera possible de calculer entièrement la TSCS de n'importe quel objet dans un milieu réverbérant.

2.3.3 Illustrations numériques

Une démonstration numérique des différentes étapes théoriques du calcul de la TSCS électromagnétique en CR est présentée dans cette partie en utilisant la méthode FDTD. Pour cela, nous allons considérer un domaine à deux dimensions (mode TM, $p = z$) dont la surface de la CR correspond à $S = 3.27 \times 2.71 \ m^2$. Les parois de la chambre sont simulées conjointement par des PEC et des matériaux à pertes (conductivité S_v) pour modéliser le facteur de qualité (pertes et absorption). L'impulsion d'excitation est une gaussienne modulée par un sinus à une fréquence centrale $f_c = 2 \ GHz$ et une bande passante $\Delta\Omega = 100 \ MHz$ (calculée à $-6 \ dB$). Les simulations sont effectuées avec une discrétisation spatiale $dx = dy = 1 \ cm = \lambda_{f_c}/15$ (λ_{f_c} est la longueur d'onde relative à f_c).

Afin d'augmenter la diversité spatiale des simulations, on a utilisé un ensemble de 8 sources d'excitations représentant des dipôles élémentaires (sources ponctuelles), ces dernières sont placées sur un coté du domaine, la distance entre deux sources consécutives est de l'ordre de la moitié de la longueur d'onde d'excitation, alors que le champ électrique E_z est enregistré par un ensemble de 8 récepteurs (capteurs élémentaires idéaux) placés dans l'autre coté du domaine. En pratique, la configuration numérique précédente met en jeu 30 positions différentes de l'objet testé (ici, un carré PEC de coté 10 cm) introduit dans la chambre et également distribuées avec une distance $d \cong \lambda$ afin de minimiser les corrélations entre les acquisitions (voir Fig. 2.20). Le choix du nombre de sources et de capteurs ainsi que le nombre de positions différentes de l'EST sera étudié dans le chapitre suivant à l'issue d'une étude paramétrique menée sur le calcul de la TSCS en CR.

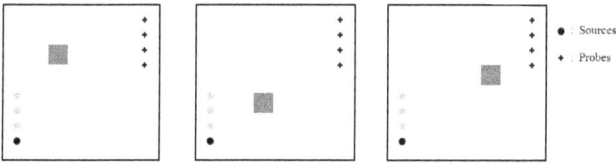

FIGURE 2.20 – Configuration du calcul de la TSCS en CR avec plusieurs positions de l'EST.

Sur la figure (2.21) est présentée la réponse reçue par un capteur du réseau des récepteurs pour une position donnée de l'objet testé. La réponse impulsionnelle n'est pas amortie car dans ce cas on a choisi une CR sans perte. Sur la même figure est tracée la réponse moyennée sur les 30 positions différentes. Cette fois, la moyenne sur les acquisitions induit une atténuation. Comme nous l'avons expliqué dans la section (2.3.1), seul subsiste dans la réponse moyennée le champ qui n'a jamais été diffracté par l'EST, en d'autre terme la partie cohérente du champ.

Si on parle maintenant en terme d'énergie, le numérateur du rapport

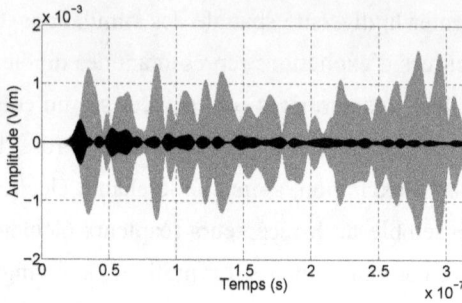

FIGURE 2.21 – Réponse impulsionnelle enregistrée par un capteur du réseau de récepteurs (courbe grise), et moyennée sur les 30 positions différentes de l'EST (courbe noire) dans le cas d'une CR sans pertes.

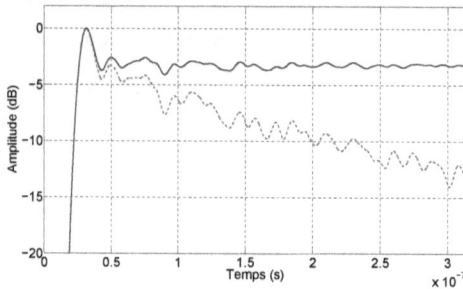

FIGURE 2.22 – Enveloppes du numérateur (courbe pointillée) et du dénominateur (courbe continue) de $C(t)$ pour 30 positions différentes de l'EST dans le cas d'une CR sans pertes.

$C(t)$ (Equ. 2.27) $\left\langle \langle E_z(t) \rangle_\gamma^2 \right\rangle_{\alpha,\beta}$ est proportionnel à l'énergie de l'onde cohérente en fonction du temps et le dénominateur $\left\langle E_z^2(t) \right\rangle_{\alpha,\beta,\gamma}$ est proportionnel à l'énergie totale de l'onde. Sur la figure (2.22), l'enveloppe du numérateur et du dénominateur du rapport $C(t)$ est représentée en dB. Le milieu étant non atténuant, le terme $\left\langle E_z^2(t) \right\rangle_{\alpha,\beta,\gamma}$ est constant avec le temps en accord avec la conservation de l'énergie. Par contre pour le terme $\left\langle \langle E_z(t) \rangle_\gamma^2 \right\rangle_{\alpha,\beta}$ on observe bien une décroissance exponentielle. Plus l'EST est diffractant plus la probabilité que l'onde se réfléchisse au moins une fois sur celui-ci (i.e : le terme $\left\langle \langle E_z(t) \rangle_\gamma^2 \right\rangle_{\alpha,\beta}$ décroît rapidement).

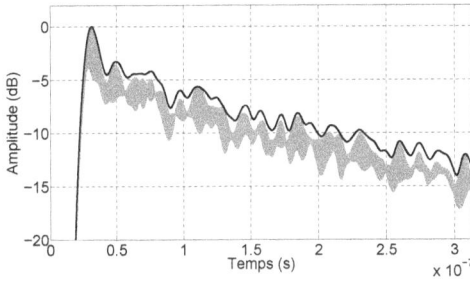

FIGURE 2.23 – Enveloppes du numérateur de $C(t)$ sans (courbe grise) et avec (courbe noire) filtre passe bas.

Afin d'en extraire les enveloppes, un filtre passe bas appliqué respectivement sur les termes $\left\langle \langle E_z(t) \rangle_\gamma^2 \right\rangle_{\alpha,\beta}$ et $\left\langle E_z^2(t) \right\rangle_{\alpha,\beta,\gamma}$ est nécessaire pour supprimer les fluctuations autour de $2 \times f_c$. La figure (2.23) présente l'enveloppe du terme $\left\langle \langle E_z(t) \rangle_\gamma^2 \right\rangle_{\alpha,\beta}$ sans et avec filtre.

Sur les figures (2.24) et (2.25), le même type de figures que précédemment a été représenté mais cette fois en présence de pertes dans la chambre ($S_v = 20 \, S/m$).

On remarque que l'énergie dans la cavité n'est plus constante (Fig. 2.25, courbe continue). On note aussi que la réponse impulsionnelle enregistrée par un capteur pour une position donnée de l'EST est amortie (Fig. 2.24, courbe grise). En plus de sa décroissance due au moyennage sur les positions, la courbe "moyenné sur les positions" (Fig. 2.24, courbe noire) décroît également sous l'effet des pertes. Toutefois, on remarque d'après les équations (2.26, 2.27 et 2.28) que le calcul de la TSCS est indépendant de l'absorption dans la chambre, et l'introduction des pertes n'affecte pas le calcul de $C(t)$, ce que l'on va prouver numériquement dans le chapitre suivant.

Le traitement des données permet de calculer $C(t)$ à partir de l'équation (2.27) en moyennant sur les différentes positions de l'objet, les sources

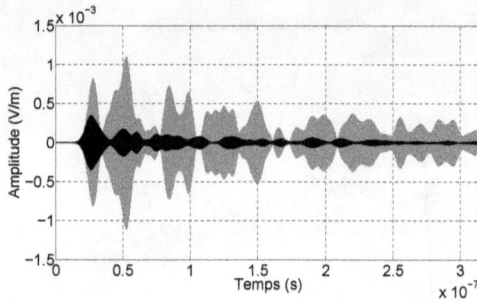

FIGURE 2.24 – Réponse impulsionnelle enregistrée par un capteur du réseau de récepteurs (courbe grise), et moyennée sur les 30 positions différentes de l'EST (courbe noire) dans le cas d'une CR avec pertes ($S_v = 20\ S/m$).

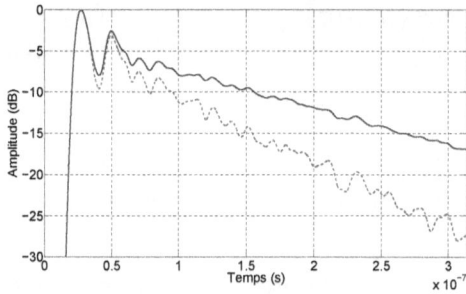

FIGURE 2.25 – Enveloppes du numérateur (courbe pointillée) et du dénominateur (courbe continue) de $C(t)$ pour 30 positions différentes de l'EST dans le cas d'une CR avec pertes ($S_v = 20\ S/m$).

et les capteurs. L'approximation de type "moindre carré" de la pente de l'évolution de C en fonction du temps t (Fig. 2.26) et les équations (2.26) et (2.28) permettent de déduire simplement la TSCS de l'objet étudié (carré PEC).

Dans cette partie, nous avons présenté comment les CR peuvent servir à des utilisations autres que des applications purement CEM. Dans la section

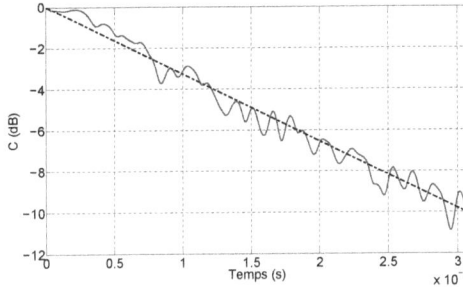

FIGURE 2.26 – Evolution du rapport $C(t)$ en fonction du temps (courbe
continue) et l'approximation moindre carré (courbe pointillée).

suivante, une comparaison entre les mesures en CA et CRBM via un test
de susceptibilité rayonnée est effectuée par la méthode FDTD. Cette comparaison va mettre en lumière les avantages et les inconvénients de chacun
de ces moyens d'essais, et comment le processus de RT et le calcul de la
TSCS dans la CR ont tiré profit des avantages de ces deux moyens.

2.4 Comparaison entre CRBM et CA en fonc- tion d'un test de susceptibilité rayonné

Dans le domaine de la CEM, différents moyens d'essai ont été utilisés
pour tester la Susceptibilité Rayonnée (SR) et l'efficacité du blindage (en
anglais : Shielding Effectiveness, SE) des équipements surtout pour les dispositifs impliquant des ouvertures, le rôle clé est donné par le mécanisme
de pénétration du champ. La SR et la SE peuvent être considérés comme
les deux faces d'une même pièce : un taux de pénétration élevé du champ
à l'intérieur de l'enceinte (faible SE) conduit à une forte probabilité de
dégradation des performances (haute SR).

Deux moyens d'essai sont souvent utilisés pour des tests CEM d'immunité rayonnée : la CA et la CRBM. Dans le cas d'une CA idéal, l'équipe-

ment sous test est illuminé par une onde plane d'amplitude de champ spécifiée avec des polarisations horizontale et verticale pour un nombre suffisamment grand d'angles d'incidence, dans un test conforme aux normes le nombre d'angles d'incidence est limité. Actuellement, ce moyen d'essai est utilisé pour des tests d'immunité, d'émission, ou le calcul d'efficacité de blindage d'un EST, en fait la chambre anéchoïque peut déterminer le Diagramme de Rayonnement (DR), en excitant (immunité et efficacité du blindage) ou en observant les émissions, d'un EST. Loin des applications CEM, la CA est aussi utilisée pour le calcul de la section efficace radar d'un équipement puisque ce calcul nécessite que l'équipement testé soit illuminé en espace libre par un grand nombre d'ondes planes suivant toute les directions et les polarisations. Par contre pour des tests en chambre réverbérante idéal, déjà évoqué précédemment, plusieurs essais indépendants (correspondants aux différentes positions du brasseur) sont nécessaires, dans ce cas l'équipement sous test est illuminé par un champ statistiquement isotrope et homogène, où l'intensité maximale du champ est une variable aléatoire avec une valeur attendue prévisible. Dans un test conforme aux normes, le nombre de positions du brasseur est limité, impliquant que l'environnement de test se rapproche des conditions idéales et que la valeur attendue du champ maximal a une plus grande incertitude.

Aujourd'hui un effort particulier est consacré à la comparaison entre les résultats obtenus en CR et ceux en CA [64,65,66], chacun de ces deux moyens d'essais présente ses propres avantages et inconvénients. Pour les tests en CA, le problème principal est de s'assurer que les directions et les polarisations les plus critiques ont été utilisées parce que leur nombre est limité lors des tests standards. D'autre part, la forme de l'onde excitant l'EST et son amplitude sont connues de façon déterministe. Sinon, dans les CR toutes les faiblesses de l'EST sont statistiquement excitées en même temps, donc il n'est pas possible de connaître les directions et polarisations des ondes excitantes. Ainsi, il est difficile d'exploiter les résultats des tests visant à améliorer l'efficacité du blindage d'un EST. Néanmoins, grâce à ses propriétés (cavité résonantes), les CR permettent de générer des champs de haute intensité avec un niveau de puissance injecté relativement faible.

En ce qui suit, une tentative de comparaison entre fonctionnement CA et CR est menée numériquement via le calcul et l'analyse du champ à l'intérieur d'un équipement à l'issu d'un essai de susceptibilité rayonnée. Dans la section suivante le modèle numérique de la CA en plus de celui de la CRBM est détaillé. Après interprétation des résultats, on va proposer une nouvelle façon d'utiliser la CR en important des techniques temporelles, premièrement pour des essais CEM en agressant l'EST avec un champ focalisé en temps de forte amplitude en tenant compte de l'avantage de la CA en ce qui concerne la connaissance et le contrôle de la directivité et de la polarisation de l'onde agressant l'EST et la haute intensité de champ autorisée en CR ; deuxièmement, pour le calcul de la section efficace radar ou la section efficace totale de diffraction.

2.4.1 Modélisation et configuration numériques

Les simulations présentées dans cette section sont menées par la méthode FDTD dans un domaine à deux dimensions (mode TM) dont le domaine de calcul $DC = 1,7 \times 1,7 \ m^2$, les signaux d'excitations utilisés correspondent à une gaussienne (Equ. 1.24) avec une fréquence maximale $f_{max} = 3 \ GHz$ calculée à $-20 \ dB$ et une amplitude $E_0 = 377 \ V/m$. Nous avons utilisé une discrétisation spatiale uniforme $dx = dy = 1 \ cm$ ce qui correspond à $\frac{\lambda_{f_{max}}}{10}$ où $\lambda_{f_{max}}$ est la longueur d'onde correspondante à f_{max}, le pas temporel dt est de l'ordre de $23,59 \ ps$. L'EST est un objet quelconque modélisé par des PEC et des diélectriques et comportant des ouvertures. Le but est de mesurer le champ électrique (E_z) en un point à l'intérieur de l'EST à l'issu des tests de susceptibilité rayonnée en CA et en CRBM.

Pour les moyens d'essais, d'une part, la CA est modélisée par des conditions de Mur comme conditions aux limites absorbantes. L'EST est agressé par 800 ondes planes (modélisées en suivant la démarche décrite dans l'annexe B) correspondants à 400 incidences uniformément réparties autour de l'EST suivant deux polarisations. Le champ électrique (E_z) en un point donné à l'intérieur de l'EST est enregistré pour chacune de ces incidences ce qui donne un ensemble de 800 simulations.

D'autre part, la modélisation de la CRBM est effectuée en se basant sur le modèle d'onde plane de Hill [62], dans ce modèle l'environnement électromagnétique interne est créé par une superposition d'un nombre fini d'ondes planes aléatoires. Cette contribution utilise la technique FDTD pour simuler un test de susceptibilité dans une chambre réverbérante avec une superposition d'ondes planes. La figure (2.27) montre l'ensemble de composants pour un test de susceptibilité dans une CRBM. La simulation de la CRBM implique l'ensemble du volume de la chambre, le brasseur et les antennes. Le temps de simulation est fonction du volume de la chambre, de la conductivité des murs, de la gamme de fréquence, et des caractéristiques de l'EST. Tous ces facteurs rendent la simulation énorme.

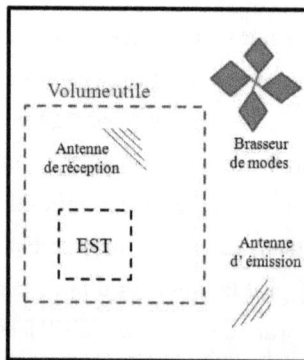

FIGURE 2.27 – Exemple de test de susceptibilité dans une CRBM.

Si comme indiqué dans la figure (2.28) le modèle de superposition d'ondes planes est appliqué, la simulation ne va impliquer que l'EST, les

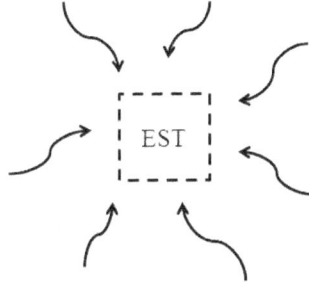

FIGURE 2.28 – Superposition d'ondes planes aléatoires pour simuler une CRBM durant un test de susceptibilité rayonné.

conditions limites absorbantes et la surface fictive pour la génération des ondes planes. En conséquence, le temps de simulation est énormément diminué. Dans ce cas N_{op} ondes planes aléatoires sont utilisés pour simuler le comportement statistique de la CRBM et la simulation est répétée N_{simu} fois pour simuler les différentes positions du brasseur dans une CRBM réelle.

La génération des ondes planes avec une incidence aléatoire uniformément distribuée est expliquée dans [67]. Afin que les ondes planes arrivent avec des temps différents, nous avons pris un retard temporelle t_0 (Equ. 1.24) différent pour chaque incidence. Dans la figure (2.29), nous avons présenté la cartographie du champ électrique (E_z) généré par la sommation de 100 ondes planes aléatoires ($N_{op} = 100$) à la fréquence de 1 GHz, on note que le champ à l'extérieur de la zone du champ total est nul dû à l'absence d'un EST dans le domaine de calcul.

Dans le cas d'une sommation d'ondes planes et pour calculer l'amplitude moyenne totale de l'onde incidente une expression analytique a été présentée dans [67] sous la forme suivante :

$$\langle|E_{CR}|\rangle = \frac{15}{16}\sqrt{\frac{\pi}{3}}\sqrt{N_{op}}E_0 \qquad (2.29)$$

97

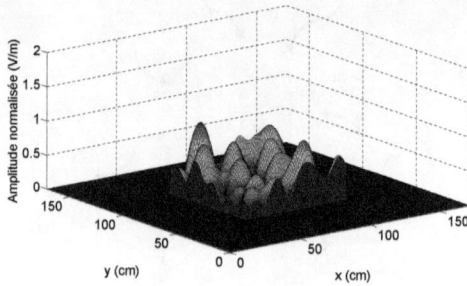

FIGURE 2.29 – Exemple de la cartographie du champ généré par 100 ondes planes aléatoires à la fréquence de 1 *GHz*.

Dans la figure (2.30), on a comparé les valeurs théorique et numérique de l'amplitude de l'onde incidente en un point situé au milieu du domaine de calcul pour un nombre d'onde plane $N_{op} = 100$ et pour 100 simulations différentes, on note le bon accord entre les deux courbes numériques et théoriques.

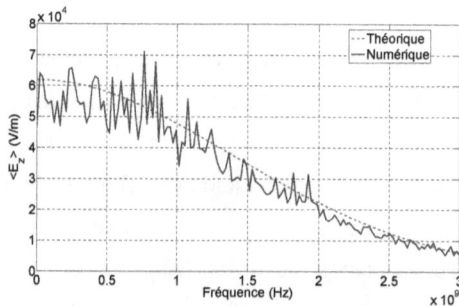

FIGURE 2.30 – Courbe théorique et numérique de l'amplitude moyenne totale du spectre de champ électrique incident.

Dans cette section, les paramètres des simulations sont fixés à : $N_{op} =$ 100 et $N_{simu} = 100$. Ce choix du nombre d'ondes planes aléatoires et de simulations est utilisé comme un compromis entre le temps de simulation et la précision des résultats. Pour valider ce choix, on a tracé sur la fi-

98

gure (2.31) la densité de probabilité et la fonction de répartition de différentes variables pour une fréquence de 1 GHz. Déjà évoqué dans la section (1.4.3.1), les parties réelles et imaginaires d'une composante du champ doivent suivre une loi normale centrée, ce qui est vérifié par la figure (2.31a et 2.31b) où on remarque que la densité de probabilité de la partie réelle du champ électrique E_z suit une loi normale centrée et de même pour sa fonction de répartition, en plus on note le bon accord avec la courbe théorique (Equ. 1.38). L'amplitude quadratique du champ E_z correspond à la somme des carrés de deux variables aléatoires suivant une loi normale, donc cette dernière suit une loi du Chi-Deux ($\chi 2$) à deux degrés de liberté, ce qui est verifié sur la figure (2.31c) par la densité de probabilité du champ E_z^2, et sa fonction de repartition (Fig. 2.31d) qui colle parfaitement avec l'expression théorique de la CDF d'une loi du $\chi 2$ à deux degrés de liberté (Equ. 1.41).

2.4.2 Résultats et discussion

Les résultats en CA sont présentés en terme de biais d'erreur (Equ. 2.30) qui correspond à la valeur du champ électrique mesurée à l'intérieur de l'EST pour une incidence donnée, normalisée par le maximum du champ enregistré suivant toute les incidences, ce paramètre est donné par l'équation suivante :

$$biais\ d'erreur\ (\theta, f) = \frac{E(\theta, f)}{\max_{\theta}[E(\theta, f)]} \qquad (2.30)$$

où θ correspond à l'angle d'incidence de l'onde plane.

Sur la figure (2.32), nous avons tracé ce paramètre pour une fréquence $f = 1\ GHz$, la valeur 0 db correspond à l'angle d'incidence où on a un champ reçu maximum, par contre la valeur $-35\ dB$ correspond à l'angle d'incidence où le champ recu est minimum. Les angles d'incidence $0°$, $90°$, $180°$ et $270°$ correspondent aux incidences normales aux quatre faces de l'EST.

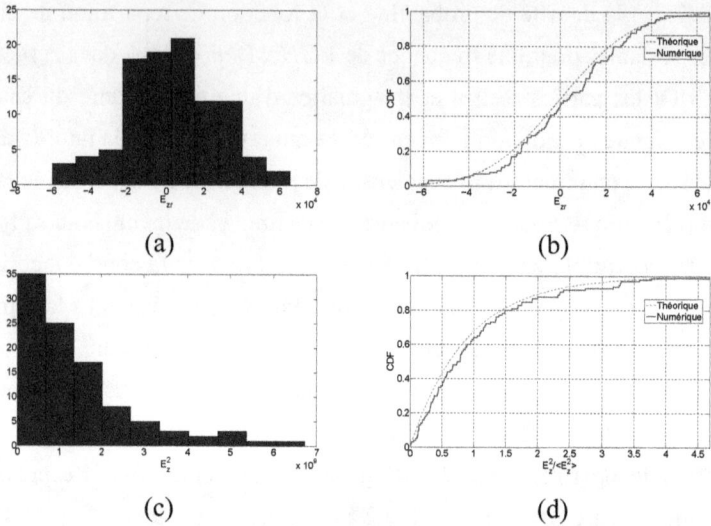

(a)   (b)

(c)   (d)

FIGURE 2.31 – (a) Histogramme de la partie réelle et (c) de l'amplitude quadratique du champ électrique E_z. (b) Fonction de répartition de la partie réelle et (d) de l'amplitude quadratique du champ électrique E_z pour $f = 1$ GHz.

À partir de ce paramètre on peut calculer la valeur de la directivité de l'EST à une fréquence donnée exprimée par l'équation (2.31), où la directivité est estimée par le rapport entre le champ maximal reçu et le champ moyenné sur tous les angles d'incidences (Fig. 2.33).

$$Directivite\,(f) = \frac{max\,(E\,(\theta, f))}{\langle E\,(\theta, f)\rangle} \qquad (2.31)$$

Cette estimation peut avoir plusieurs sources d'incertitude. Si le nombre d'angles d'incidences est faible (comme dans le cas des tests expérimentaux : parfois nous choisissons des incidences qui sont normales aux faces de l'EST), nous risquons de rater la situation la plus critique de l'EST. Dans notre exemple, la direction la plus critique pour l'EST correspond à une incidence de 212° et cela ne correspond pas à l'une des quatre faces de

100

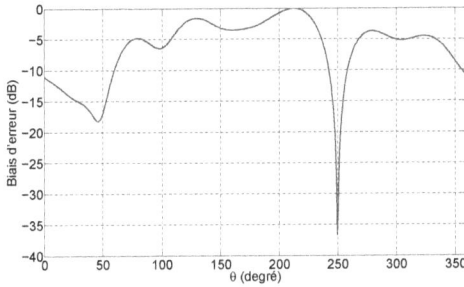

FIGURE 2.32 – Champ électrique E_z reçu normalisé par le champ maximum (biais d'erreur) en fonction de l'angle d'incidence en CA.

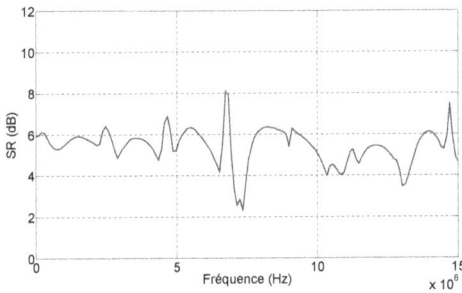

FIGURE 2.33 – La directivité de l'EST calculée à partir de l'équation (2.31).

ce dernier. Ainsi, la valeur réelle de la directivité peut être plus importante que celle estimée. En outre, pour un EST complexe, un grand nombre de configurations correspondant à différentes incidences doit être considéré ce qui implique des temps d'essais très longs.

Dans le cas d'une CRBM, la réponse impulsionnelle globale du champ est obtenue sans changement de l'orientation de l'EST, mais il faut noter qu'il devient impossible de connaître l'orientation la plus critique comme dans le cas de la CA.

Sur la figure (2.34), on a présenté le spectre du champ électrique E_z normalisé par le champ incident calculé à partir de l'équation (2.29) en un point à l'intérieur de l'EST en CRBM. Plusieurs pics de résonances sont visibles dans la réponse en fréquences, ces pics correspondent aux fréquences de résonances des ouvertures et de l'EST. Ce résultat a été validé par la simulation en CA, où on a tracé le champ électrique E_z moyenné sur toutes les incidences d'ondes planes et normalisé par le spectre de l'onde plane incidente. On remarque le bon accord entre les simulations en CRBM et CA au niveau de l'amplitude et des fréquences de résonances.

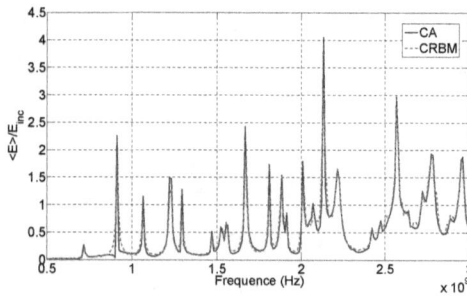

FIGURE 2.34 – Comportement simulé du champ électrique E_z en un point de l'EST en CRBM et en CA.

Lors des tests de susceptibilité des équipements électroniques en CRBM, un problème peut survenir lorsque l'EST dispose de plusieurs composants avec différentes valeurs seuil de champ/courant qui ne peuvent pas être dépassées. En effet, différents niveaux d'immunité peuvent coexister sur un dispositif électronique (pour l'alimentation, composants, l'intégrité du signal, etc.) ou sur différentes zones d'une structure complexe (automobile, avion, etc.) puisque la fiabilité attendue n'est pas la même. Mais, dans un test classique de susceptibilité électromagnétique dans la CRBM, le champ est statistiquement le même pour l'ensemble de l'EST placé dans le VU et il peut endommager certains composants (ceux présentant une valeur seuil plus faible que le champ incident). Une solution consiste à effectuer les tests de susceptibilité pour chaque composant de l'EST indépendamment. Malheureusement, les tests "sur table" ne sont pas toujours possibles et en plus ils ne représentent pas toujours la réalité. Une approche alternative peut être proposée via la technique de RT et la focalisation sélective. En effet, à l'instant de focalisation, un seul composant peut être illuminé par un niveau de champ souhaité, en revanche toutes les autres parties du système sont agressées par un bruit plus faible. Ainsi, le processus de RT est appliqué sur l'EST étudié pour focaliser une impulsion de champ électrique en temps et en espace (i.e. au même endroit que celui où nous avons relevé les résultats dans les cas CA et CRBM). Nous avons présenté sur les figures (2.35, 2.36a), les focalisations spatiales et temporelles du champ. On remarque comment à l'instant de focalisation une seule partie de l'EST est agressée tandis que le reste est soumis au niveau du bruit. De plus, le spectre de champ focalisé (Fig. 2.36b) ressemble bien aux spectres obtenus dans les cas précédents. Une étude poussée sur la focalisation sélective et les différents paramètres influant la focalisation sera évoquée dans les prochains chapitres.

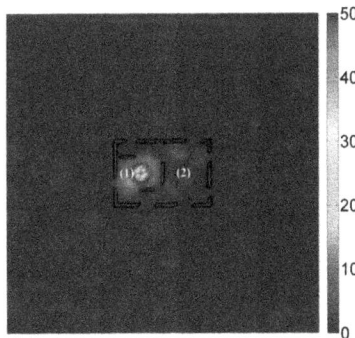

FIGURE 2.35 – Cartographie du champ à l'instant de focalisation ($t = 0$).

Dans ce chapitre, une utilisation originale de la CR pour des sources impulsionnelles est présentée. La méthode de RT a été détaillée, cette technique va nous permettre de focaliser le champ électrique en n'importe quel endroit de la chambre et à n'importe quel instant pour un coût réduit

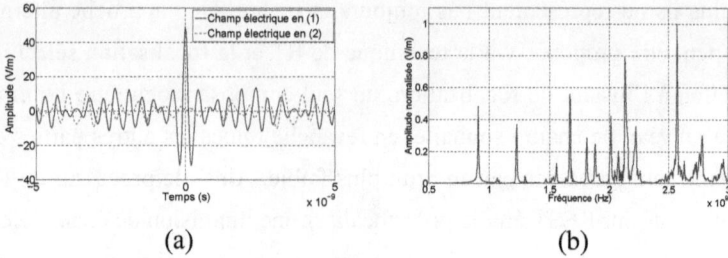

FIGURE 2.36 – (a) Focalisation temporelle du champ électrique en un endroit de l'EST (1, courbe continue), la courbe pointillée correspond au champ électrique en un autre point de l'EST (2). (b) Spectre du champ focalisé en (1).

(en terme de matériel d'amplification) tout en conservant la connaissance exacte de l'onde agressant l'EST (amplitude maximale du pic de focalisation, incidence et polarisation) ce qui n'est pas le cas avec l'utilisation traditionnelle de la CRBM. Cette méthode peut être évidemment utilisée pour la caractérisation d'objets. Cependant, on a démontré que la caractérisation par RT présente quelques inconvénients, ceci nous a poussé vers l'utilisation d'une nouvelle technique (développée à l'origine en acoustique) visant à estimer la TSCS d'un objet par un processus temporel en CR. Dans ce cadre, une impulsion d'excitation temporelle, différents arrangements de sources, capteurs et positions de l'EST sont mis en jeu. Dans le dernier chapitre, cette méthode va nous permettre de caractériser le brasseur de modes de la CRBM.

Dans la suite une étude paramétrique par la méthode FDTD est menée sur le processus de RT, et sur la caractérisation par le calcul de la TSCS en CR.

Deuxième partie

Outils avancés en CEM

Chapitre 3

Études préliminaires pour les CR en impulsionnel

Dans le chapitre précédent, nous avons décrit les bases théoriques de notre étude. Dans ce chapitre, nous mènerons une étude paramétrique par la méthode FDTD. Dans un premier temps, on s'intéressera à l'impact de divers paramètres de RT. Ces derniers seront étudiés en espace libre, puis on constatera que la "complexité" du milieu peut améliorer la focalisation, ce qui nous mènera à vérifier combien les chambres réverbérantes sont des équipements favorables pour améliorer la qualité du RT. L'effet du bruit de mesure et la présence d'un brasseur de modes seront évidemment étudiés. Dans un deuxième temps, et après un exemple de caractérisation par l'opérateur de RT, nous étudierons les différents paramètres influant la caractérisation de cibles par le calcul de la section efficace totale de diffraction : effet de la géométrie de la cavité, des pertes, et du nombre de sources, des capteurs et des positions de l'EST. Les résultats de ce calcul seront validés par des simulations en espace libre.

3.1 Retournement temporel en espace libre

Déjà mentionné précédemment, les simulations ont été réalisées à l'aide d'un code propre basé sur la méthode FDTD (section 1.2.1). Deux domaines ont été considérés, le premier est un espace bidimensionnel (2D, mode TM) donné par $DC_1 = 3,3 \times 3,3 \ m^2$, le deuxième domaine est un espace tridimensionnel avec $DC_2 = 2,2 \times 1,5 \times 1 \ m^3$.

Le signal d'excitation utilisé pour la première phase du processus de RT est une gaussienne modulée par un sinus à une fréquence centrale $f_c = 600 \ MHz$ et une bande passante $\Delta\Omega = 350 \ MHz$ calculée à $-6 \ dB$ du maximum du spectre de la gaussienne modulée. Les simulations ont donc été réalisées avec une discrétisation spatiale uniforme $dx = dy = 3,3 \ cm$ pour le domaine 2D, et $dx = dy = dz = 3,3 \ cm$ pour le domaine 3D (correspondant à $\lambda_{f_c}/15$).

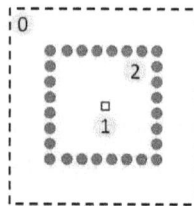

FIGURE 3.1 – Domaine DC_1 : (0) conditions absorbantes, (1) source R_0, (2) capteurs de la CRT R_i.

Le premier exemple numérique traité permet de qualifier la focalisation relativement au nombre de capteurs de la CRT, pour cela considérons le dispositif DC_1 en 2D (Fig. 3.1) où la source d'excitation est située au milieu du domaine avec une CRT composée de 320 capteurs entourant complètement le point source. L'espace libre est simulé par des conditions absorbantes (conditions de Mur).

Une impulsion de 7 ns est émise du point source, et les capteurs de la CRT enregistrent l'évolution de la composante E_z du champ électrique

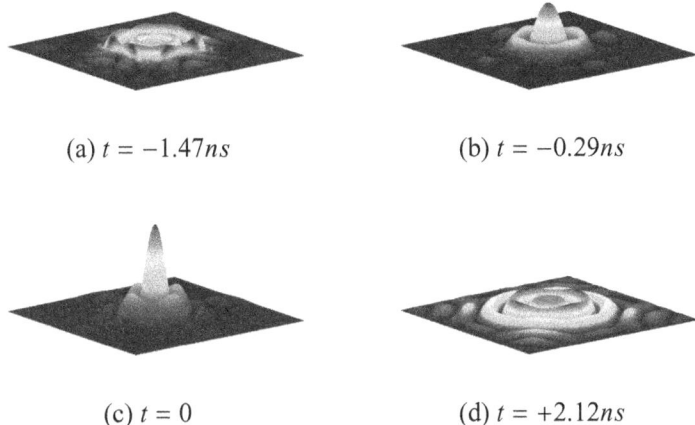

(a) $t = -1.47ns$ (b) $t = -0.29ns$

(c) $t = 0$ (d) $t = +2.12ns$

FIGURE 3.2 – Evolution spatio-temporelle du champ autour du point de focalisation (le temps de focalisation est considéré comme origine des temps).

et les composantes H_x et H_y du champ magnétique (Mode TM). Après retournement temporel et réémission des signaux enregistrés par les capteurs de la CRT, nous arrivons à retrouver la position de la source d'excitation comme le montre l'évolution spatio-temporelle de la valeur absolue du champ électrique E_z sur la figure (3.2) (le point d'émission est considéré ici comme une source active mais il peut aussi être issu d'un objet diffractant).

Le signal d'excitation retourné et la focalisation temporelle E_{RT} normalisée au point source (R_0) sont tracés sur la figure (3.3a). La focalisation spatiale à l'instant de focalisation peut être observée sur la figure (3.3b).

Le nombre de capteurs utilisé dans l'exemple précédent (320) correspond au nombre maximum autorisé par la discrétisation FDTD dans ce cas.

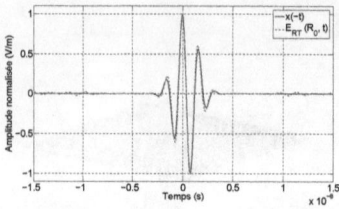 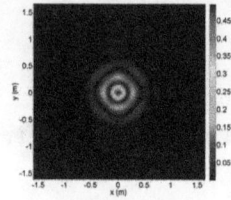

$$(a) \qquad\qquad\qquad (b)$$

FIGURE 3.3 – (a) Focalisation temporelle au point source, et (b) spatiale à l'instant de focalisation ($t = 0$).

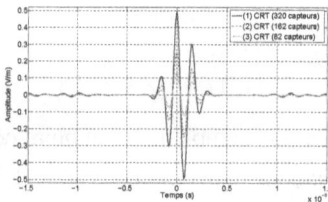 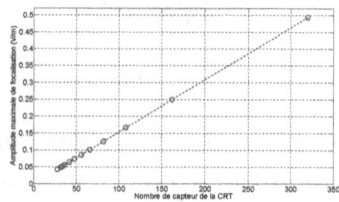

$$(a) \qquad\qquad\qquad (b)$$

FIGURE 3.4 – (a) Signaux re-focalisés ($E_{RT}(R_0, t)$) pour différents nombres de capteurs uniformement distribués sur la CRT. (b) Critère de l'amplitude maximale de focalisation en fonction du nombre de capteurs de la CRT.

Sur la figure (3.4a), les courbes (1), (2) et (3) témoignent de l'importance du nombre des capteurs de la CRT sur le critère de l'amplitude maximum de la focalisation. De plus, on remarque (Fig. 3.4b) que ce critère augmente linéairement avec le nombre de capteurs.

Dans le cas du domaine 3D (DC_2), deux cas ont été traités. Dans le premier test, l'excitation est émise par le point source suivant les trois composantes du champ électrique E_x, E_y, et E_z ; et dans le deuxième cas, seule la composante E_x est considérée. La figure (3.5) illustre la configuration numérique traitée où le point d'excitation est au milieu du DC_2 (coordon-

110

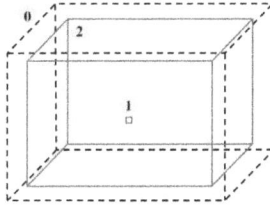

FIGURE 3.5 – Domaine DC_2 : (0) conditions absorbantes, (1) source R_0, (2) capteurs de la CRT R_i.

nées cartésiennes (0 m, 0 m, 0 m) ce qui correspond à la maille (34, 23, 15)). La CRT est composée de 6114 capteurs (nombre maximum autorisé par la discrétisation FDTD utilisée).

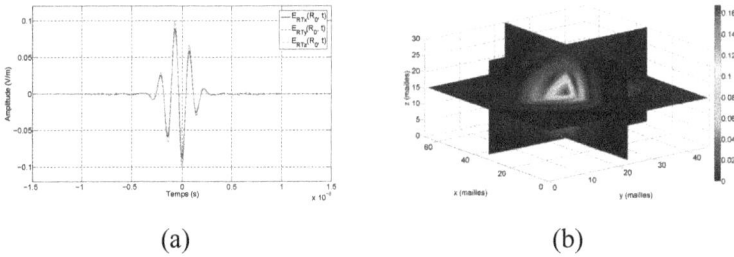

(a)   (b)

FIGURE 3.6 – (a) Focalisation temporelle pour une excitation émise selon E_x, E_y, et E_z. (b) Cartographie du champ électrique total à l'instant de focalisation ($t = 0$).

Dans le premier cas, on remarque que le signal focalisé après RT est suivant les trois polarisations x, y et z (Fig. 3.6a), et nous pouvons mettre l'accent sur la distribution spatiale du champ électrique total à l'instant de focalisation (Fig. 3.6b) où on remarque la concentration de l'énergie autour du point source.

Dans le deuxième cas (où l'excitation est suivant E_x) on remarque que le champ électrique focalisé est selon la composante x seulement (Fig. 3.7)

111

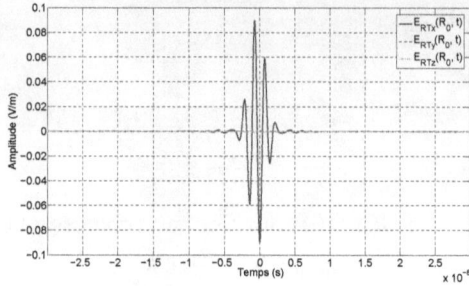

FIGURE 3.7 – Focalisation temporelle pour une excitation émise selon E_x.

et cela peut être vérifié si nous prenons un plan de coupe du domaine correspondant à $z = 0$ et on regarde la cartographie du champ à l'instant de focalisation pour toutes les polarisations (Fig. 3.8). On note clairement que le champ électrique correspondant à E_y et E_z est quasi nul par rapport à E_x.

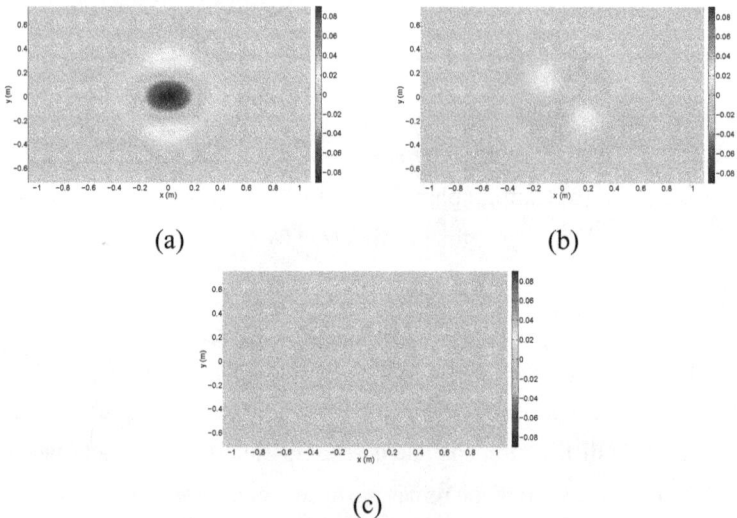

(a)

(b)

(c)

FIGURE 3.8 – Plan de coupe du champ électrique correspondant à (a) E_x, (b) E_y, et (c) E_z à l'instant de focalisation ($t = 0$).

On en déduit qu'il est théoriquement possible de contrôler la polarisation de l'onde agressant l'EST par RT sans modifier la polarisation de l'antenne. Cette application peut être très intéressante surtout dans un milieu réverbérant, comme nous allons le voir plus tard dans le dernier chapitre.

Étant donné le grand nombre de capteurs nécessaire pour la CRT et l'impossibilité expérimentale de réaliser une telle configuration, dans les simulations qui suivent la CRT est remplacée par un MRT (section 1.5.1) à ouverture limitée (Fig. 3.9).

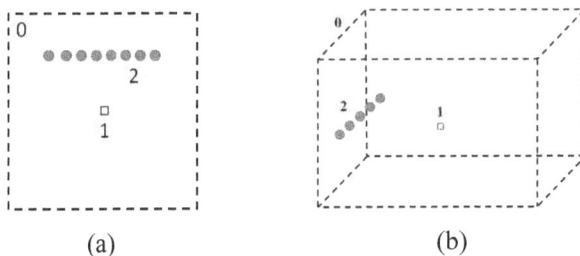

FIGURE 3.9 – Domaines (a) DC_1 et (b) DC_2 : (0) conditions absorbantes, (1) source R_0, (2) capteurs du MRT R_i.

Les simulations précédentes sont répétées avec un MRT de 41 capteurs pour le domaine 2D et 54 capteurs pour le domaine 3D, en comparant les focalisations temporelles (Fig. 3.10a, 3.11a) avec celles obtenues avec des CRT (Fig. 3.4a, 3.6a), on remarque que l'amplitude maximale de focalisation est fortement diminuée. En outre, on note la dégradation de la focalisation spatiale. Les figures (3.10b) et (3.11b) montrent que la focalisation est de faible qualité par rapport aux cas CRT (Fig. 3.3b, 3.6b).

Donc, contrairement au cas précédent, l'enregistrement des champs d'un seul coté du domaine ne permet pas de reconstruire la propagation exacte de l'onde telle qu'elle s'est propagée, du fait que les informations sont trop réduites surtout dans le cas 3D. Cette perte d'informations peut

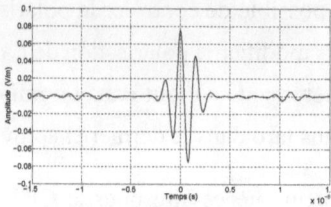 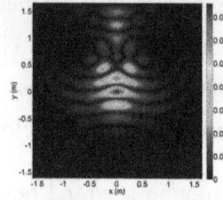

(a) (b)

FIGURE 3.10 – Domaine DC_1 : (a) focalisations temporelle au point source
et (b) spatiale à l'instant de focalisation ($t = 0$) en utilisant un MRT.

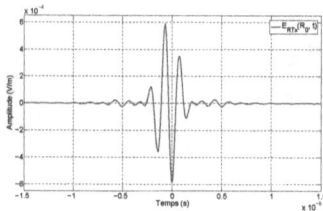 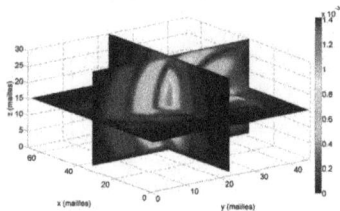

(a) (b)

FIGURE 3.11 – Domaine DC_2 : (a) focalisations temporelle au point source
suivant la polarisation x et (b) spatiale à l'instant de focalisation ($t = 0$)
pour une excitation selon E_x, E_y, et E_z en utilisant un MRT.

être résolue en rendant le domaine plus complexe, ce qui va permettre
d'enregistrer plus d'information sans augmenter le nombre de capteurs du
MRT.

3.2 Introduction de réflexions multiples

Afin de récupérer plus d'informations sur la propagation de l'onde durant la première phase de RT, il faut soit augmenter l'ouverture angulaire
du MRT soit rendre le milieu plus complexe (cela revient à augmenter vir-

tuellement le nombre de capteurs). Pour réaliser cette dernière, nous avons procédé de deux façons différentes.

Dans la première, nous allons constater qu'il est possible de tirer profit de l'hétérogénéité du milieu de propagation. Dans [69], une étude est menée concernant l'introduction de milieux diélectriques aléatoirement inhomogène. L'aléa concerne la permittivité diélectrique relative du milieu :

$$\epsilon_r(\mathbf{p}) = \epsilon_r^m(\mathbf{p}) + \epsilon_r^a(\mathbf{p}) \tag{3.1}$$

Dans la relation (3.1), ϵ_r^a est fonction de la position $\mathbf{p}$ du point considéré dans le DC. La valeur moyenne de la permittivité relative est donnée par ϵ_r^m. Le caractère aléatoire du milieu repose sur la variable ϵ_r^a (Variable Aléatoire, VA). En effet, la description du milieu fait intervenir des hétérogénéités diélectriques telles que la VA est donnée en fonction de sa position dans le domaine par une loi gaussienne d'écart-type ζ et de moyenne nulle. L'existence d'une dépendance d'une position à une autre dans le DC est déterminée par une fonction de corrélation faisant intervenir une grandeur caractéristique : la longueur de corrélation l_s.

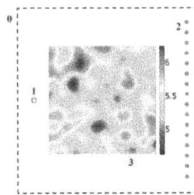

FIGURE 3.12 – Dispositif DC_1 : (0) conditions absorbantes, (1) source R_0, (2) capteurs du MRT R_i, (3) milieu diélectrique aléatoire avec $\zeta = 0.23$ et $l_s = 0.165$.

La simulation est réalisée dans ce cas en considérant le DC_1, la source est placée en position ($x = 50\,cm\,/\,y = 165\,cm$: considérée comme origine des espaces), son profil temporel est une gaussienne modulée par un sinus

115

($f_c = 500$ MHz). Le MRT est composé de 16 récepteurs situés à droite du DC, lui-même limité par des conditions absorbantes. Le milieu diélectrique est introduit entre la source et le MRT comme le montre la figure (3.12).

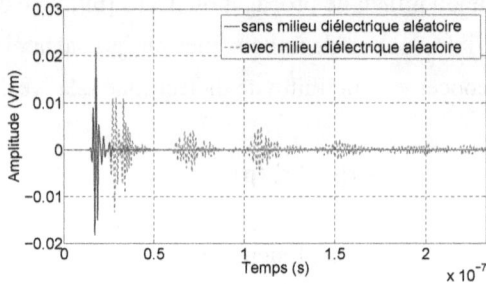

FIGURE 3.13 – La composante E_z du champ électrique reçu par un capteur du MRT dans les deux cas (sans et avec milieu diélectrique aléatoire).

Sur la figure (3.13), on a tracé la composante E_z du champ électrique reçu par un capteur du MRT, on remarque l'existence de plusieurs réflexions issues du milieu diélectrique dans la réponse impulsionnelle.

Les figures (3.14a, 3.14b) représentent la distribution du champ E_z dans le DC à l'instant de focalisation concernant deux types de milieux (aléatoire ou non). On constate que l'amplitude et la résolution spatiale augmentent relativement avec l'introduction de ce dernier. Vue qu'en présence du milieu aléatoire et à cause des réflexions, la dimension virtuelle du MRT a augmentée, et tenant compte de la dépendance de celle-ci avec la largeur de la tache focale (Equ. 2.10), on remarque que la dimension de cette dernière est plus petite (Fig.3.14c).

Dans [69], il a été démontré comment l'amplitude et la résolution spatiale s'améliorent avec l'augmentation de l'écart-type et la diminution de la longueur de corrélation. Donc l'apparition d'inclusions diélectriques aléatoires dans le milieu peut, selon les propriétés statistiques de ce paramètre, améliorer notablement les performances du processus de RT.

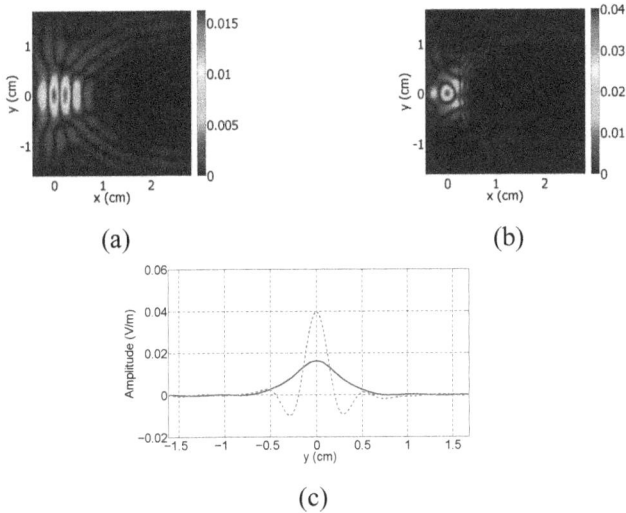

(a)   (b)

(c)

FIGURE 3.14 – focalisations spatiale à l'instant de focalisation (t = 0) dans les deux cas : (a et c : courbe continue) sans et (b et c : courbe pointillée) avec milieu diélectrique aléatoire.

La deuxième façon pour introduire des réflexions consiste à insérer une plaque métallique modélisée par des PEC dans le domaine DC_2 (Fig. 3.15).

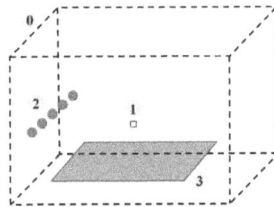

FIGURE 3.15 – Dispositif DC_2 : (0) conditions absorbantes, (1) source R_0, (2) capteurs du MRT R_i, (3) plaque métallique.

Le but visé est ici de tirer avantage des réflexions dues à la présence de la plaque métallique. Les courbes de la figure (3.16a) confirment l'attente

117

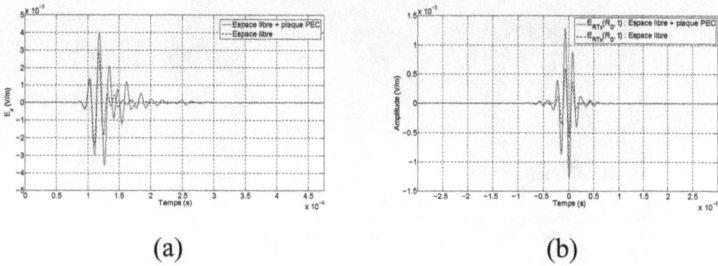

(a)   (b)

FIGURE 3.16 – (a) La composante E_x du champ électrique reçu par un capteur du MRT et (b) la focalisation temporelle au point source dans les deux cas (espace libre et espace libre + plaque métallique) pour une excitation selon E_x, E_y, et E_z en utilisant un MRT.

à propos de la présence d'un objet diffractant : on remarque que le signal reçu par un capteur du MRT (la composante E_x du champ électrique) dans le cas où le milieu est complexe contient plus d'informations. En effet, les ondes issues des réflexions par la plaque améliorent l'amplitude maximale de focalisation (Fig. 3.16b).

Suivant cette idée, on peut dire que les milieux réverbérants sont favorables à l'application du RT, justifiant son intérêt en CRBM. En effet, les réflexions multiples subies par l'onde sur les parois métalliques de la chambre vont nous permettre de remplacer le MRT par un nombre limité de capteurs.

3.3 Retournement temporel dans un milieu réverbérant (CR)

Dans cette section, la configuration précédente DC_2 est conservée avec un MRT composé de 8 capteurs et une excitation suivant E_x, E_y, et E_z. L'objectif de cette partie est de montrer les avantages du RT en CR à travers

118

différents cas tests :

- les données "espace libre" seront comparées à un environnement réverbérant,
- la durée de la fenêtre de RT, en d'autre termes la durée du signal retourné temporellement, est étudiée regardant le rapport SSB et le lien avec la densité de mode dans la chambre,
- les propriétés intrinsèques à la propagation des ondes en cavité seront traitées en s'attachant à l'aspect aléatoire de la localisation des capteurs,
- et enfin, nous étudierons l'influence des paramètres de la source d'excitation en terme de la dimension de la tache focale, et l'impact du bruit de mesure et la présence d'un brasseur de modes sur la focalisation.

3.3.1 Comparaison avec l'espace libre

La présence de conditions aux limites parfaitement métalliques qui remplacent les conditions absorbantes implique que la réponse impulsionnelle (Fig. 3.17) reçue au niveau d'un des 8 capteurs du MRT, et qui ne s'atténue à aucun moment de la simulation, est composée de plusieurs réflexions contrairement au cas de l'espace libre (Fig. 3.16a). Il est important de noter que dans cette section les pertes réelles ne sont pas intégrées. En conséquence, l'énergie numériquement injectée après avoir retourné temporellement les signaux est comparativement plus élevée en CR qu'avec des conditions absorbantes. Ceci améliore la qualité de la focalisation en terme d'amplitude maximale de focalisation : 6.10^{-4} V/m en espace libre avec un MRT de 51 capteurs (Fig. 3.11a) et $0,04$ V/m en CR avec un MRT de 8 capteurs (Fig. 3.18).

Afin d'étudier la focalisation spatiale par le calcul de la dimension de la tache focale suivant toute les directions et vérifier la focalisation tem-

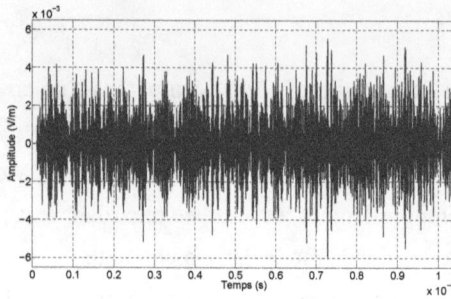

FIGURE 3.17 – La composante E_x du champ électrique reçu par un capteur du MRT en CR.

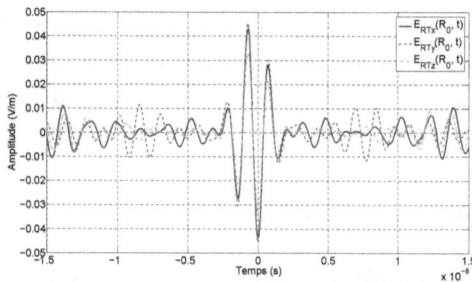

FIGURE 3.18 – Focalisation temporelle par RT en CR.

porelle via le critère d'étalement des retards (τ_{RMS}), nous avons enregistré le champ électrique total aux alentours du point de focalisation suivant les axes x, y, et z. D'une part, les résultats reportés sur la figure (3.19a) montrent que la focalisation est symétrique et est de l'ordre de $\lambda_{f_c}/2$ (dimension de la tache focale = 0.25 $m = \lambda_{f_c}/2$).

D'autre part sur la figure (3.19b), le critère d'étalement des retards est implémenté. En effet, les signaux retournés sont émis suivant le principe "première onde arrivée dernière émise", de telle façon que tout les ondes arrivent en même temps au point de focalisation. Le critère τ_{RMS} mesure la durée d'arrivée entre la première et la dernière onde. En conséquence, plus ce paramètre est faible en un point donné de l'espace, meilleure sera

120

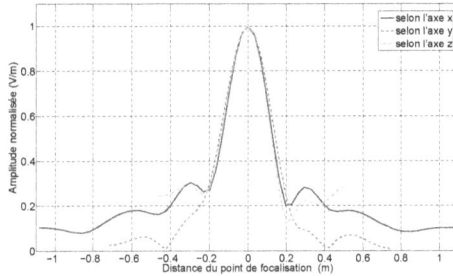

(a)

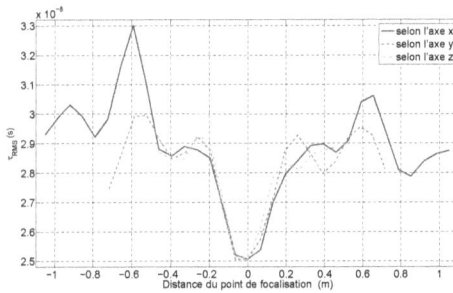

(b)

FIGURE 3.19 – (a) Champ électrique total focalisé ($E_{RT}(r, t = 0)$) et (b)
étalement des retards (τ_{RMS}) en fonction de la distance du point de
focalisation.

la focalisation (en terme d'accord entre temps et espace). Pour cela on remarque sur la figure (3.19b) que la plus petite valeur du τ_{RMS} (selon les
axes x, y, et z au voisinage de R_0) correspond au point source. Ce qui signifie que le RT a réduit les échos et l'impulsion d'excitation a été reproduite
dans ce milieu réverbérant.

Le dernier paramètre étudié dans cette partie est la matrice de propagation K (section 2.1.2). Cette matrice peut être construite numériquement
d'une manière simple. Pour ce faire, un réseau de 24 points sources ($i = 1$

à 24) distantes de 23 *cm* l'un de l'autre est placé d'un coté du domaine et le même nombre de capteurs (j = 1 à 24) est utilisé de l'autre coté. Nous mesurons les 576 réponses impulsionnelles inter-éléments ($k_{ij}(t)$) dans les deux cas espace libre et CR. Après une transformée de Fourier des $k_{ij}(t)$, la matrice de propagation K est connue pour toute les fréquences du spectre de l'impulsion d'excitation. Pour chaque fréquence une décomposition en valeur singulière est appliquée. Les valeurs singulières de K dans les deux cas sont représentées sur la figure (3.20). On remarque que dans le cas de la CR le nombre de valeurs singulières représentatives est beaucoup plus grand que dans le cas de l'espace libre et dans ce cas la matrice K présente un rang supérieur. Pour la fréquence centrale f_c = 600 *MHz*, on remarque que 20 valeurs singulières apparaissent pour le cas CR et seulement 5 en espace libre (avec une valeur seuil à −32 *dB* relative à la première valeur singulière).

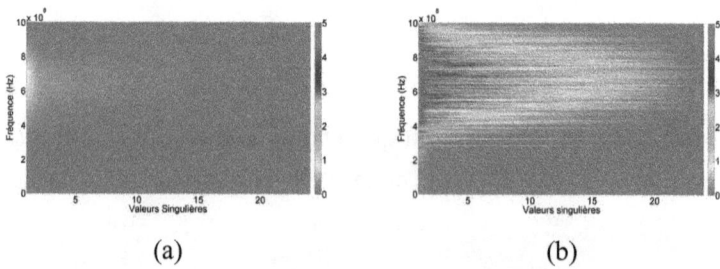

(a)   (b)

FIGURE 3.20 – Décomposition en valeurs singulières de la matrice de propagation K en (a) espace libre et (b) CR. Nombre significatif de valeurs singulières pour chaque fréquence du spectre.

Physiquement le nombre de valeurs singulières significatives est approximativement le nombre de capteurs indépendants dont les réponses impulsionnelles enregistrées ne sont pas corrélées, ce qui est un point crucial en RT dans un milieu réverbérant comme on va le voir plus tard dans ce chapitre.

3.3.2 Influence de la durée de la fenêtre de retournement temporel

Afin d'étudier l'influence de la durée du signal retourné temporelle-ment, en d'autres termes l'influence de la durée de simulation sur le rapport SSB, différentes simulations numériques ont été traitées avec un seul capteur comme MRT en variant la durée de simulation Δt. Afin d'observer une donnée moyenne plus représentative, chaque simulation de la seconde phase du RT est répétée à neuf reprises avec, à chaque fois, une position différente du capteur de réception dans la chambre.

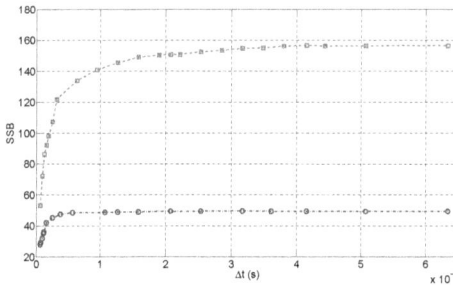

FIGURE 3.21 – Rapport SSB en fonction de Δt (cas 1 : $f_c = 400\ MHz/\Delta\Omega = 260\ MHz$: marqueurs cercles, cas 2 : $f_c = 800\ MHz/\Delta\Omega = 260\ MHz$: marqueurs carrés).

Sur la figure (3.21), on a tracé pour chaque cas étudié le rapport SSB temporel, calculé numériquement à partir de l'équation (2.13), moyenné sur les neuf positions du capteur (R_i), en fonction du temps de simula-tion Δt. On remarque que le rapport SSB augmente avec la fréquence cen-trale du signal d'excitation, notons aussi que ce dernier devient stable après un certain temps appelé temps d'Heisenberg (ΔH). À partir de l'équation (2.12), où $n(\omega)$ est déduite numériquement par comptage des modes de ré-sonance sur une bande de fréquences (méthode décrite plus tard dans cette section), on obtient la valeur du temps d'Heisenberg. Ces résultats sont

123

bien vérifiés numériquement sur la figure (3.21) (par exemple pour le cas 1, la valeur $\Delta H = 0,5\ \mu s$ donnée par l'équation (2.12) est vérifiée sur la courbe).

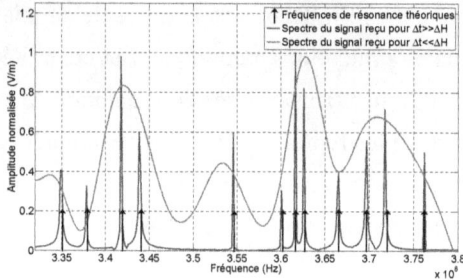

FIGURE 3.22 – Spectre de la réponse impulsionnelle.

Ce comportement de saturation du rapport SSB a été expliqué expérimentalement en termes de grains d'informations et utilisé dans [38]. Dans ce modèle la réponse impulsionnelle du système, de largeur fréquentielle $1/\tau$ (τ : durée temporelle de la gaussienne modulée), peut être assimilée à une succession de grains d'informations decorrélés dont la largeur fréquentielle est de l'ordre de $1/\Delta t$. D'après la figure (3.22), on remarque que la saturation du rapport SSB semble être une conséquence de l'existence d'un nombre fini de fréquences de résonances dans le spectre de la réponse impulsionnelle. Ainsi, pour une durée de simulation courte un même grain d'information fréquentiel couvre plusieurs fréquences propres de la chambre et dans ce cas, le nombre de grains d'information est égale à $\Delta t/\tau$, donc le rapport SSB augmente en fonction du temps. En revanche, pour une durée longue, le nombre de grains d'information qui ne peuvent se fixer que sur les fréquences de résonance se stabilise (nombre de grains d'information égale à $1/(\tau\delta f)$, avec δf : distance moyenne entre deux modes propres successifs), toutes les fréquences propres de la chambre étant résolues. Le rapport SSB devient alors indépendant du temps de simulation (Fig. 3.21). Ceci est prédit par la formule théorique du rapport

SSB (Equ. 2.11).

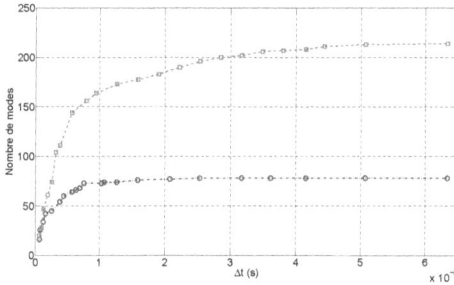

FIGURE 3.23 – Nombre de modes propres en fonction du temps de simulation (cas 1 : $f_c = 400\ MHz/\Delta\Omega = 260\ MHz$: marqueurs cercles, cas 2 : $f_c = 800\ MHz/\Delta\Omega = 260\ MHz$: marqueurs carrés).

Ce dernier dépend du produit $\Delta H \Delta\Omega$ qui n'est autre que le nombre de modes propres (Equ. 1.31). Ainsi, la figure (3.23) illustre également ce phénomène de saturation : l'évolution du nombre de modes propres de la CR dans la bande passante $\Delta\Omega$ est représentée en fonction du temps. L'estimation directe du nombre de modes de résonances à partir de la formule théorique de Weyl [68] ne tient pas compte des caractéristiques numériques des simulations temporelles et ne peut pas être utilisée ici. À ce titre, le nombre de modes propres est défini à partir de la moyenne des spectres du champ électrique total enregistré sur les 9 positions du capteur de réception ; le calcul numérique est fait par comptage des pics de résonances du spectre (Fig. 3.23). On remarque que le nombre de modes se stabilise pour une durée plus grande que le temps d'Heisenberg correspondant, ce qui est confirmé par la saturation du rapport SSB (Fig. 3.21).

3.3.3 Influence du nombre des capteurs du MRT

Arnaud Derode a démontré dans [70] que le rapport SSB augmente linéairement avec la racine du nombre de capteurs employés ; cela revient

125

à considérer que chaque nouveau capteur ajoute un nombre d'informations supplémentaires décorrélées des informations déjà connues. Dans le cas d'une CR, les informations décorrélées sont les modes propres de la chambre. Afin d'étudier l'influence du nombre des capteurs du MRT sur le rapport SSB, différentes simulations FDTD sont réalisées pour le cas où $f_c = 400\ MHz$ et $\Delta\Omega = 260\ MHz$ en utilisant un nombre de capteurs variable ($nc = 1$ à 20) localisés aléatoirement à l'intérieur du DC (à l'exception des emplacements source et conditions aux limites). Dans le but d'implémenter des données moyennes, chaque expérience précédente est répétée 50 fois pour chaque nombre "nc" de capteurs RT (i.e. 50 lancers aléatoires suivant une loi uniforme pour 1 capteur, puis 50 pour 2 capteurs, ...). Nous avons choisi une fenêtre de RT $\Delta t = 65\ ns$ beaucoup plus petite que le temps d'Heisenberg correspondant ($\Delta H = 500\ ns$).

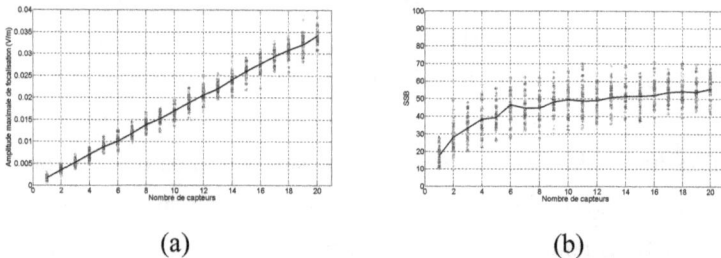

(a) (b)

FIGURE 3.24 – (a) Amplitude maximale du champ électrique total focalisé et (b) rapport SSB. Influence de la focalisation pour 1 à 20 capteurs : résultats pour 50 tirs aléatoires (loi uniforme) des positions des capteurs(marqueurs étoiles) et courbe de tendance (ligne continue), pour un signal d'excitation avec $f_c = 400\ MHz$ et $\Delta\Omega = 260\ MHz$.

La figure (3.24a) montre que l'amplitude maximale de focalisation augmente linéairement avec le nombre de capteurs. Mais contrairement au critère du maximum, l'utilisation du paramètre signal sur bruit (plus représentatif pour des travaux en CR en rapport avec les réflexions multiples sur les

126

parois PEC et donc relié aux sources multiples existantes) paraît plus révélateur de la qualité de la focalisation. À partir de la figure (3.24b) où les résultats finaux sont obtenus à partir du paramètre SSB temporel (Equ. 2.13) et en se donnant un nombre nc de capteurs ($nc \cong 9$ ou 10), la focalisation semble indépendante du nombre de capteurs à RT utilisé et le rapport SSB se stabilise et ne suit pas la loi en racine observée dans [70]. En effet après une augmentation le rapport SSB montre un palier de saturation et la tendance moyenne du critère SSB semble atteindre une valeur limite constante en fonction du nombre de capteurs (de 10 à 20 capteurs en l'occurence), et cela revient à ce que les nouveaux capteurs ajoutés n'apportent plus des informations supplémentaires puisque tous les modes propres de la CR sont déjà résolus. Le nombre de capteurs nécessaire pour une expérience de RT est donné par le rapport $\Delta H / \Delta t = 0.5\ \mu s / 0.065\ \mu s \approx 8$, ce qui est verifié numériquement sur la figure (3.24b). Dans une moindre mesure, l'impact de la position des capteurs de réception paraît elle aussi importante.

Les mêmes simulations sont répétées, avec cette fois $f_c = 800\ MHz$ et $\Delta \Omega = 260\ MHz$. De même que précédemment, l'amplitude maximale de focalisation augmente linéairement en fonction du nombre de capteurs, mais avec une amplitude plus élevée (Fig. 3.25a). Sur la figure (3.25b), on remarque, cette fois, que le rapport SSB n'a pas atteint le plateau de saturation donc un plus grand nombre de capteurs est requis pour atteindre ce palier.

Les résultats présentés ont un grand intérêt pour les études en CRBM puisque l'utilisation d'un nombre restreint de capteurs apporte un surcroît de confort tant au niveau de la difficulté pratique à mener les expérimentations qu'en termes économiques. En effet, expérimentalement, il est plus pratique de répéter certaines mesures en utilisant un nombre limité de capteurs pour un temps donné, que de multiplier le nombre de capteurs pour une durée plus courte (cette déduction reste valable pour le cas où le temps

127

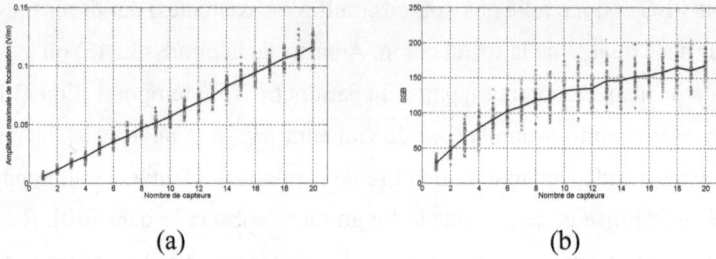

(a)   (b)

FIGURE 3.25 – (a) Amplitude maximale du champ électrique total focalisé et (b) rapport SSB. Influence de la focalisation pour 1 à 20 capteurs : résultats pour 50 tirs aléatoires (loi uniforme) des positions des capteurs (marqueurs étoiles) et courbe de tendance (ligne continue), pour un signal d'excitation avec $f_c = 800\ MHz$ et $\Delta\Omega = 260\ MHz$.

d'Heisenberg est plus petit que le temps d'absorption dans la chambre (pertes), dans le cas contraire on est obligé d'augmenter le nombre de capteurs tout en tenant compte qu'en cas de fortes pertes, le processus ne marche pas). Bien entendu, afin de tirer profit des réflexions multiples en CR, l'utilisation d'un unique capteur (ou d'un nombre limité) nécessite de prendre en compte des résultats sur une plage temporelle suffisante afin d'obtenir suffisamment d'informations au niveau du (ou des) capteur(s).

3.3.4 Résolution spatiale

On peut facilement imaginer l'intérêt expérimental en CEM d'obtenir une focalisation du champ électromagnétique suivant une tache focale la plus fine possible (sélection spatiale du lieu de test CEM). Donc, afin d'étudier l'influence de l'impulsion d'excitation sur la tache focale, on va représenter le champ électrique total normalisé en fonction de la distance à (R_0) le long de l'axe des x en faisant varier la fréquence centrale et la bande passante de la gaussienne modulée.

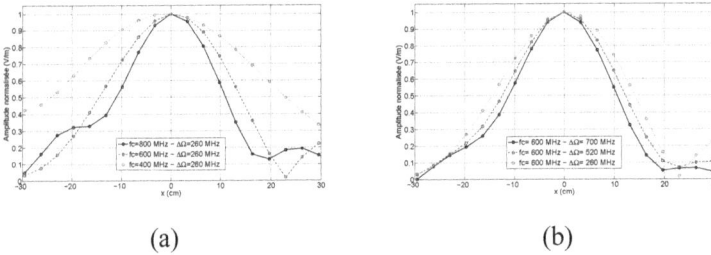

(a)   (b)

FIGURE 3.26 – Champ électrique total normalisé en fonction de la distance
à R_0 selon x : variations autour de (a) f_c et (b) $\Delta\Omega$.

On remarque (Fig. 3.26a) que la dimension de la tache focale (comme
définie dans la section 2.2.1.2) diminue en augmentant la fréquence centrale et la bande passante de la gaussienne modulée. Notre intérêt est donc,
pour les expériences de RT en CR, d'augmenter f_c et $\Delta\Omega$ permettant d'exciter plus de modes de résonances dans la CR et d'influencer la qualité du
rapport SSB.

3.3.5   Influence du bruit de mesure

Dans cette section, nous allons étudier la sensibilité du processus de RT
envers le bruit de mesure. Pour cela les signaux reçus par les capteurs du
MRT sont modifiés en ajoutant du bruit en amplitude. En effet, à chaque
instant n nous avons ajouté à l'amplitude correspondante un bruit aléatoire
suivant une loi gaussienne dont la moyenne correspond à l'amplitude du
signal à cet instant et un écart-type donné par ζ. La figure (3.27) montre
l'exemple d'un signal bruité, avec un écart-type de 20%, comparé au signal
initial.

Sur la figure (3.28), nous avons tracé le signal focalisé pour différentes
valeurs d'écart-type ($\zeta = 5\%$, 30% et 70%). On remarque que le RT est une
technique très robuste, en effet même avec un écart-type de 70% le signal

129

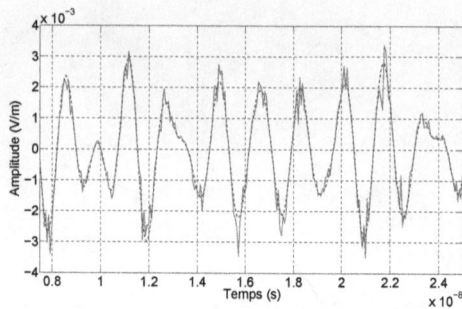

FIGURE 3.27 – La composante E_x reçu par un capteur du MRT sans insertion du bruit (courbe pointillée) et avec bruit (courbe continue).

focalisé issu des signaux retournés bruités colle bien avec celui focalisé sans insertion de bruit.

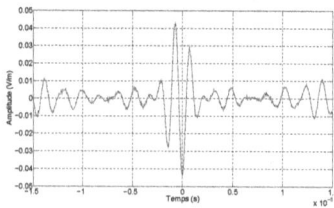

(a) $\zeta = 30\%$

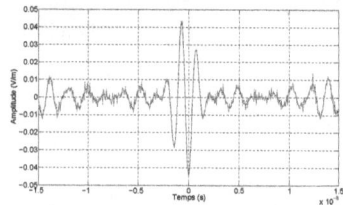

(b) $\zeta = 70\%$

FIGURE 3.28 – La composante E_x focalisée sur le point source à l'issue du RT des signaux retournés non bruités (courbe pointillée) et bruités (courbe continue) pour différentes valeurs d'écart-types (ζ).

3.3.6   Influence de la géométrie

Compte tenu de la dépendance entre rapport SSB et la densité de modes, l'intégration du brasseur en augmentant le nombre de fréquences de résonances de la CR, doit modifier la qualité de la focalisation en termes de rapport SSB. Considérons la CR donnée par DC_2 (Fig. 3.29a), où la première

130

phase du RT est effectuée avec une gaussienne modulée ($f_c = 400\ MHz$ et $\Delta\Omega = 260\ MHz$). La durée de la fenêtre du RT est $\Delta t = 4\ \mu s$, cette valeur est plus grande que le temps d'Heisenberg correspondant, ce qui assure un bon comportement numérique de la CR. Le processus de RT est effectué avec 9 positions différentes du capteur de réception (R_i). Pour étudier l'influence du brasseur, différents cas tests sont traités où, à chaque fois, une forme différente de brasseur (modélisé par des PEC) est intégrée dans la CR (Fig. 3.29b, 3.29c, 3.29d). Les résultats sont résumés dans le tableau (3.1).

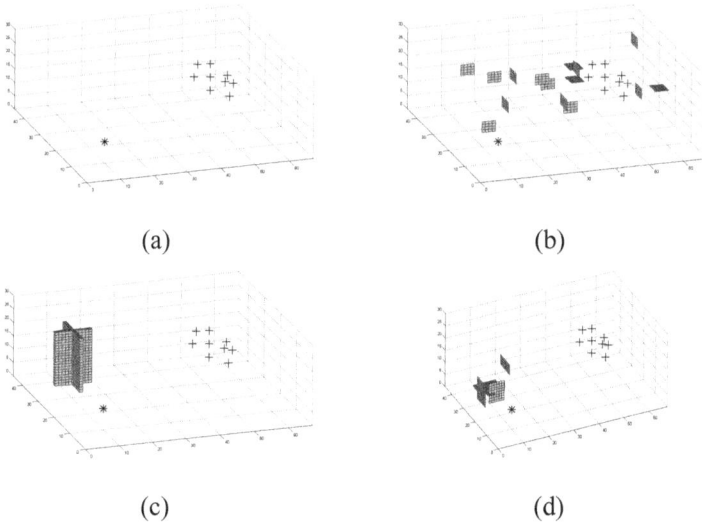

(a)   (b)

(c)   (d)

FIGURE 3.29 – Différentes formes de configurations.

Plusieurs résultats peuvent être tirés de ces cas tests : comme démontré précédemment (section 3.3.2), le rapport SSB augmente avec la densité de mode (cas : c, d), cette conclusion a aussi été obtenue expérimentalement en acoustique [27] ; mais on remarque d'après le tableau (3.1), qu'il y a des cas (a) et (b) où le nombre de modes augmente avec un rapport SSB qui reste presque stable. L'une des hypothèses permettant d'expliquer ce

Cas	SSB	Nombre de modes
Sans plaques (a)	49.28	78
(b)	52.98	122
(c)	71.02	122
(d)	73.05	125

TABLE 3.1 – Nombre de modes calculé numériquement et rapport SSB pour les différents cas.

comportement consiste à considérer les amplitudes des modes créés à l'intérieur de la cavité. Ainsi la présence des plaques métalliques a pu introduire des modes supplémentaires d'amplitude trop limitée pour participer efficacement à la focalisation.

En outre, dans [71], A. Derode propose une hypothèse pouvant expliquer ce phénomène. Lorsque le milieu devient "très complexe", les différents trajets parcourus par l'onde électromagnétique deviennent corrélés entre eux, ce qui influence le rapport SSB. Ce comportement a été aussi discuté par A. Cozza dans [72], où il étudie le lien entre la saturation de la performance du RT et le couplage entre les modes de résonance dans un milieu réverbérant dissipatif.

En définitive, le rapport SSB n'augmente pas uniquement, et a fortiori pas proportionnellement avec le nombre de modes. Toutefois, l'introduction d'un brasseur performant (augmentant le nombre de modes notamment) améliore la qualité de focalisation et les expériences de RT en CRBM s'en trouvent elles aussi améliorées (par exemple cas : (a) et (c) où on remarque comment l'ajout de cette forme de plaques a augmenté le rapport SSB (Fig. 3.30)).

Au-delà des critères CEM classiques, la remarque précédente autorise la distinction, voire la hiérarchisation, de la qualité des brasseurs utilisés en CRBM. Mais comme on l'a déjà présenté dans cette section cette dis-

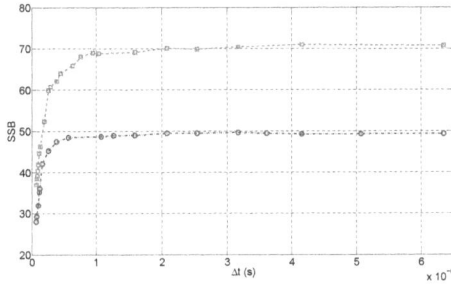

FigURE 3.30 – Evolution du rapport SSB en fonction de la fenêtre de RT sans (marqueurs cercles) et avec plaques (c) (marqueurs carrés).

tinction par le rapport SSB n'est pas toujours fiable. Ainsi, dans la partie suivante la caractérisation ou la classification d'objets va être faite par le biais de l'étude de l'ORT.

3.4   Etude de l'opérateur de RT

Dans cette section nous allons mener une classification d'objets via leurs signatures obtenues par la décomposition en valeurs singulières de l'ORT. Nous allons suivre la procédure expliquée dans la section (2.1.3), où les résultats numériques sont présentés pour un domaine 2D (mode TM), sans aucune perte de généralité, les mêmes conclusions peuvent être tirées pour des simulations 3D. Ainsi, considérons la configuration numérique de la figures (3.31), dont le DC a une dimension de 4.8×3 m^2 limité par des conditions de Mur comme conditions de limites absorbantes.

Le MRT est composé de $M = 13$ sources/capteurs ponctuelles et emploie une gaussienne modulée par un sinus à une $f_c = 500$ MHz et $\Delta\Omega = 600$ MHz comme excitation (Fig. 3.32). Les sources/capteurs sont séparés d'une distance égale à $\lambda/2$ où λ est la longueur d'onde correspondante à f_c. Les objets étudiés sont des carrés et fils métalliques modélisés par des

133

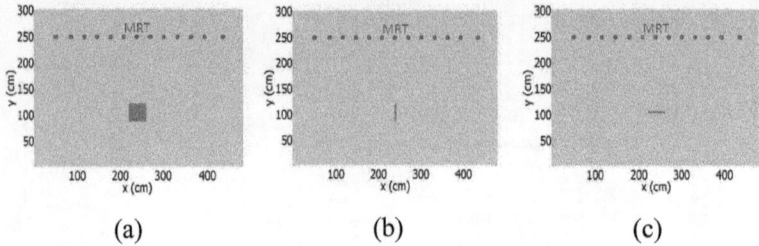

FIGURE 3.31 – Configurations utilisées pour classifier les objets : (a) carré métallique, (b) fil métallique vertical, (c) fil métallique horizontal.

PEC (Fig. 3.31).

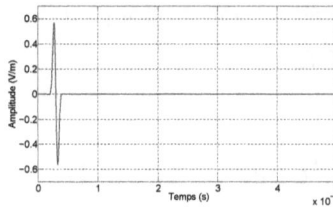

FIGURE 3.32 – Gaussienne modulée par un sinus à une $f_c = 500\ MHz$ et $\Delta\Omega = 600\ MHz$.

Dans notre tentative de déterminer les caractéristiques distinctes de différents cibles (carré, fils horizontal et vertical), premièrement on va déterminer la $M \times M$ matrice de propagation K (évoqué précédemment dans la section 2.1.3) qui est obtenue en illuminant l'objet étudié par chacun des 13 sources/capteurs du MRT et en enregistrant le champ électrique E_z diffracté sur l'ensemble des capteurs de ce dernier. Comme chaque ligne et colonne de la matrice K correspond à un emplacement spatial distinct, cette matrice est aussi nommée la matrice espace-espace [55].

Vu que dans notre code FDTD, on a utilisé des sources et des capteurs ponctuels, et afin de récupérer le champ diffracté par l'objet étudié et négli-

134

ger le couplage direct entre les différents sources/capteurs, les simulations sont effectuées en deux étapes. Tout d'abord une mesure est effectuée pour le DC sans l'objet étudié, ensuite une autre mesure est réalisée en ajoutant l'objet, et le champ électrique diffracté par ce dernier est obtenu en utilisant la différence entre ces deux mesures. La figure (3.33) montre les résultats obtenues sans et avec l'objet ainsi que le champ diffracté par ce dernier après soustraction.

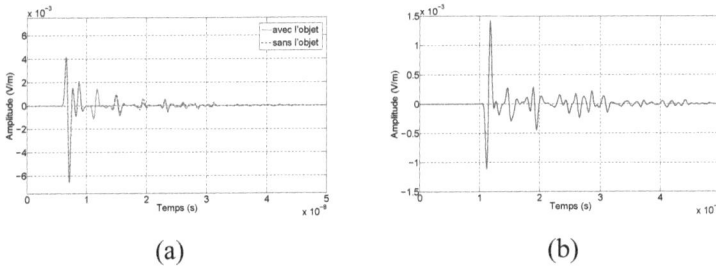

(a)   (b)

FIGURE 3.33 – (a) La composante E_z du champ électrique reçu par un capteur du MRT sans et avec l'objet étudié. (b) La composante E_z du champ électrique diffracté par l'objet étudié obtenue par soustraction des deux mesures sans et avec ce dernier.

Après une transformation du domaine temporel au domaine fréquentiel, l'ORT est obtenue ($T = K^h K$, avec h est la transformée hermitienne). Pour chaque fréquence, une décomposition en valeurs singulières est effectuée. En principe les valeurs singulières contiennent des informations sur le coefficient de diffraction de l'objet en fonction de la fréquence, alors que les vecteurs propres portent les informations de localisation. Comme les différents objets, qui sont placés au même endroit dans le DC, ont des centres de diffractions différents, il est possible de distinguer ces diffuseurs en comparant la distribution de leurs valeurs singulières sur la bande de fréquence étudiée.

Le premier exemple étudié est celui du carré métallique (Fig. 3.31a).
Sur la figure (3.34), on a tracé la distribution des valeurs singulières en
fonction de la fréquence pour différentes dimensions du carrés métalliques.
On remarque qu'en augmentant la dimension de l'objet on obtient plus de
valeurs singulières significatives. En effet pour un côté plus grand que $\lambda/4$,
on remarque qu'on commence à observer la deuxième même la troisième
valeur singulière.

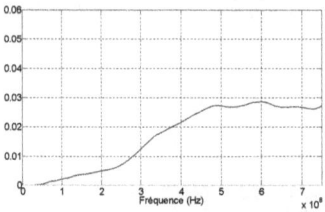

(a) $Surface = 1\ cm \times 1\ cm$

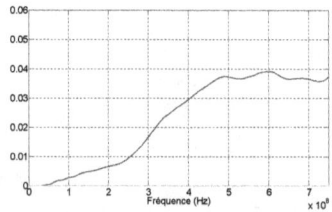

(b) $Surface = 2\ cm \times 2\ cm$

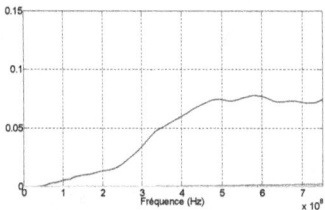

(c) $Surface = 8\ cm \times 8\ cm$

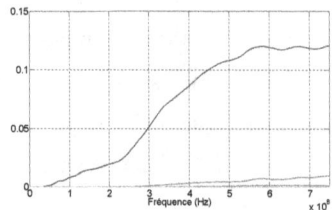

(d) $Surface = 16\ cm \times 16\ cm$

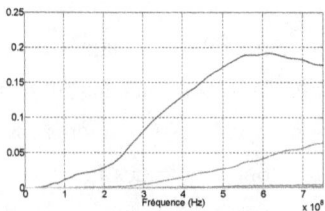

(e) $Surface = 30\ cm \times 30\ cm$

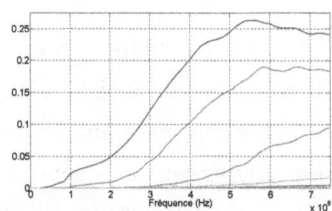

(f) $Surface = 60\ cm \times 60\ cm$

FIGURE 3.34 – Distributions globales des valeurs singulières
correspondants au cas du carré métallique pour différentes dimensions de
ce dernier.

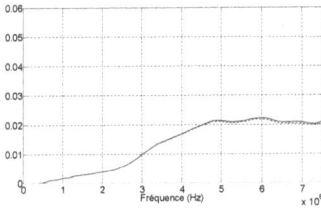

(a) longueur = 1 cm (b) longueur = 2 cm

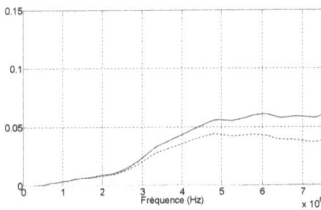

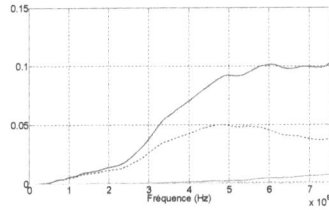

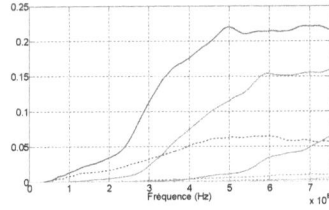

(c) longueur = 8 cm (d) longueur = 16 cm

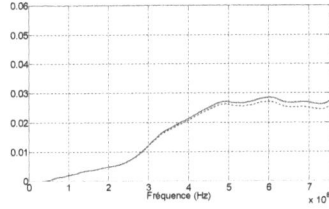

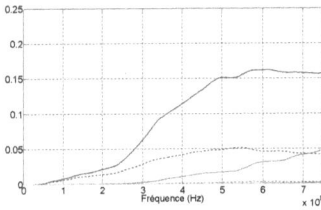

(e) longueur = 30 cm (f) longueur = 60 cm

FIGURE 3.35 – Distributions globales des valeurs singulières correspondants aux cas du fil métallique horizontal (courbes continues) et fil métallique vertical (courbes pointillées) pour différentes dimensions de ces derniers.

Dans le deuxième exemple, on va mener une comparaison entre la signature des deux fils métalliques (horizontal (Fig. 3.31c) et vertical (Fig. 3.31b)). Les résultats sont données par la figure (3.35). Il est signalé que pour des diffuseurs dont les dimensions sont plus petites que la longueur d'onde, la distribution des valeurs singulières ne peut pas fournir des informations suffisantes pour leur distinction. En effet, on remarque que pour une dimension correspondant à $\lambda/32$ (Fig. 3.35a) et $\lambda/16$ (Fig. 3.35b), la distribution des valeurs singulières pour les deux cas est identique. Alors que pour des dimensions plus grande (Fig. 3.35c, Fig. 3.35d), on remarque que les distributions de la première valeur singulière commencent à dévier l'une de l'autre pour les hautes fréquences du spectre. En outre, pour les grandes dimensions (Fig. 3.35e, Fig. 3.35f), on note que la distribution correspondant au fil horizontale est affectée par l'augmentation de dimension, et on observe plusieurs valeurs singulières significatives. Tandis que pour le fil vertical on n'observe pas de changement de comportement, et cela est dû à ce que le champ diffracté par les deux faces de ce fil n'est pas enregistré par notre configuration du MRT, et donc le champ enregistré par le MRT est presque le même. Contrairement au cas du fil vertical, dans le cas du fil horizontal le champ diffracté par un coté augmente avec sa dimension (dû en grande partie à son orientation parallèle à notre configuration de MRT).

Dans cette section, on a mené une classification d'objets par l'étude de l'ORT. Mais cette démarche présente parfois quelques inconvénients. Par exemple, on remarque que pour le cas carré et fil horizontal, on a presque la même signature. Donc cette procédure est sensible à la configuration de notre MRT et à l'orientation de l'objet testé. Pour palier ce problème, dans la section suivante nous allons mener une classification basée sur le calcul de la section efficace totale de diffraction.

3.5   Classification par la TSCS

Cette partie étudie numériquement par le calcul de la TSCS dans une CR les objets classifiés dans la partie précédente (carré et fil métalliques). Les résultats sont validés par une comparaison avec des données issues de simulations en espace libre.

3.5.1 Configurations numériques

Les simulations sont effectuées en suivant deux formalismes distincts basé sur les relations (3.2) en espace libre et (3.3) en CR dans un domaine 2D (par analogie aux formules données en 3D, section 2.3.2) :

$$SCS(\theta, \phi) = 2\pi R \, |E_d|^2 \, / \, |E_i|^2 \qquad (3.2)$$

$$TSCS = S / \left(N_{obj}\tau_s c\right) \qquad (3.3)$$

avec S la surface de la CR dans un domaine à deux dimensions.

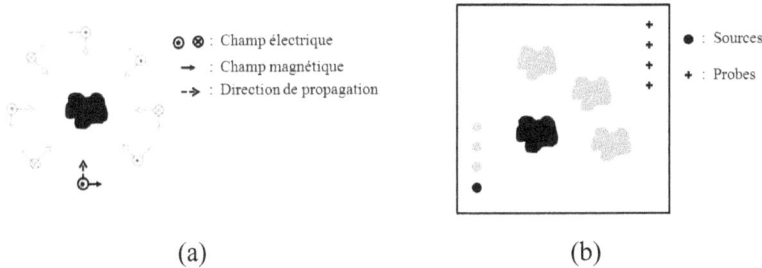

	(a)		(b)

FIGURE 3.36 – (a) Configuration espace libre, avec plusieurs ondes planes agressant l'objet sous test une par une. (b) Configuration du calcul de la TSCS en chambre réverbérante. Les parties sombres correspondent à la configuration active dans chaque simulation.

D'une part, à partir de l'équation (3.2), le calcul de la TSCS peut être obtenu numériquement par la méthode FDTD en espace libre. L'objet testé est illuminé par un grand nombre d'ondes planes (400 incidences qui correspond au nombre maximum autorisé par la discrétisation FDTD utilisée, deux polarisations) une par une. Le champ diffracté correspondant (E_d) est enregistré en zone lointaine à une distance R par un capteur placé selon la direction de propagation de l'onde plane (Fig. 3.36a). D'autre part, des expériences numériques ont été menées dans une CR de surface S (Fig. 3.36b). Les parois de la chambre sont simulées par du PEC accompagné de matériaux conducteurs à pertes (conductivité s_v) pour modéliser le facteur de qualité Q de la CR. Un ensemble de sources représentant des dipôles élémentaires (sources ponctuelles) est placé sur un coté de la chambre, la distance entre deux sources consécutives est de l'ordre de la moitié d'une longueur d'onde, alors que le champ électrique E_z est enregistré par un ensemble de récepteurs (capteurs élémentaires idéaux) placés de l'autre coté de la chambre.

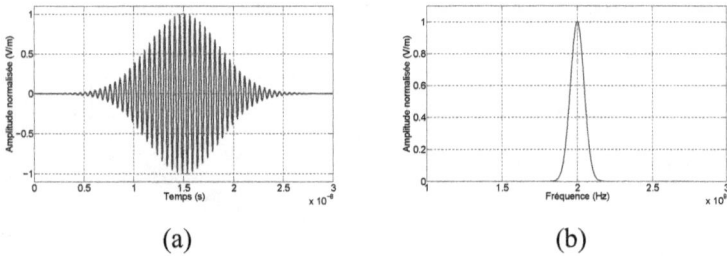

(a)   (b)

FIGURE 3.37 – (a) L'impulsion d'excitation et (b) son spectre.

La source d'excitation est une gaussienne modulée par un sinus à une fréquence centrale $f_c = 2\ GHz$ et une bande passante $\Delta\Omega = 100\ MHz$ (Fig. 3.37). Les simulations sont effectuées avec une discrétisation spatiale $dx = dy = 1\ cm = \lambda/15$ (λ est la longueur d'onde relative à f_c). Pratiquement la configuration numérique précédente est réalisée pour différentes positions de l'objet testé introduit dans la chambre et également distribué avec une distance $d \cong \lambda$ afin de minimiser les corrélations entre les acquisitions. Le traitement des données permet de calculer $C(t)$ à partir de l'équation (2.27) en moyennant sur les différentes positions de l'objet, les sources et les capteurs. Un filtre passe bas, appliqué respectivement sur le numérateur et le dénominateur de l'équation (2.27), est nécessaire pour supprimer les fluctuations autour de $2 \times f_c$.

(a)

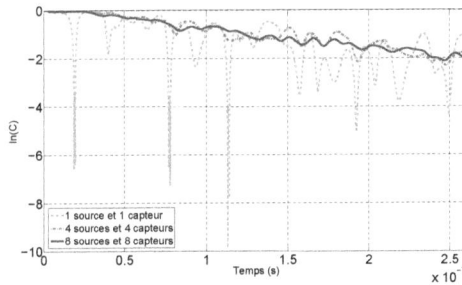

(b)

FIGURE 3.38 – (a) Le rapport $C(t)$ correspondant à différentes positions de l'objet (M) pour 8 sources et 8 capteurs. (b) $C(t)$ correspondant à différents jeux de sources (S) / capteur (P) pour 30 positions de l'objet testé. L'objet est un carré métallique de côté de 10 cm.

Une étude sur le nombre nécessaire de sources (S), de capteurs (P) et de positions de l'objet (M) est représentée sur la figure (3.38) pour une CR de surface $S = 3,27 \times 2,71$ m^2, où le rapport $C(t)$ a été tracé pour différentes contributions. Dans ce qui suit (section 3.5.2), nous avons choisi un ensemble de paramètres ($S = P = 8$ et $M = 30$) où la convergence de C est clairement atteinte.

Sur la figure (3.39), on a tracé pour le même objet (carré métallique de

141

côté $a = 10$ cm) le rapport C en fonction de temps calculé dans deux CR différentes mais de même surface S. On remarque que l'évolution de C est identique dans les deux cas ce qui prouve que le calcul de la TSCS en CR est indépendant de la forme de la chambre.

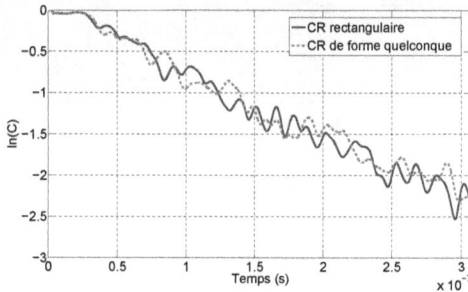

FIGURE 3.39 – Le rapport $C(t)$ calculé dans deux CR de même surface pour un carré métallique de coté de 10 cm.

Enfin la robustesse de la technique, pour différents objets, peut être vérifiée en comparant les résultats obtenus en espace libre et en CR.

3.5.2   Résultats et discussion

Etant donnée que la décroissance du champ électrique E_z est due à l'absorption dans la CR et la diffusion de l'objet, le calcul de la TSCS semble être relativement indépendant des pertes dans la CR (Fig. 3.40) comme prévu respectivement théoriquement (Equ. 2.26, 2.27, 2.28) et expérimentalement [58].

Sur la figure (3.40), changer la valeur de la conductivité ($s_v = 0.01$ ou 20 S/m) induit très peu de variations sur $C(t)$. Ces résultats ont été donnés pour un carré métalliques de côté 10 cm (Fig. 3.41c). La pente linéaire de $C(t)$ (Fig. 3.40, ligne continue noire) semble être commune dans le processus de post-traitement. Evidemment le comportement réverbérant du champ électrique reste un point crucial pour bien calculer la TSCS. Ainsi,

142

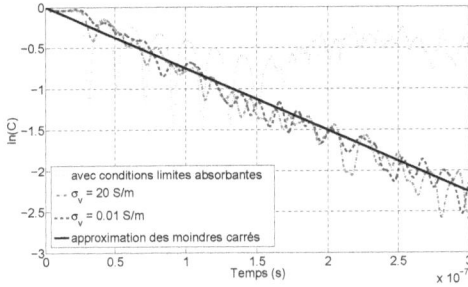

FIGURE 3.40 – Influence des pertes sur le rapport $C(t)$ (relié linéairement au temps τ_s).

pour des résultats obtenus pour un très faible facteur de qualité (Fig. 3.40, courbe verte pointillée : cas extrême modélisant une pseudo chambre anéchoique), la méthode proposée ne pourra pas profiter des différentes réflexions de la chambre et paraît inopportun.

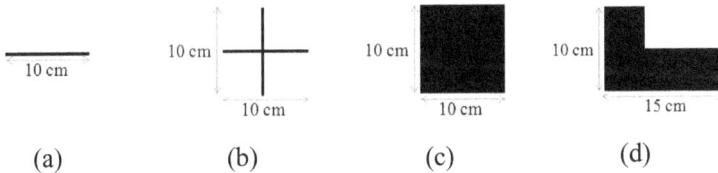

FIGURE 3.41 – Variété d'objets utilisés pour calculer la TSCS à partir des simulations en CR.

Nous avons présenté sur les figures (3.42) et (3.43) les valeurs de la TSCS de deux objets différents (un fil parfaitement métallique (Fig. 3.41a), et un carré parfaitement métallique (Fig. 3.41c) obtenues à partir de deux formalismes différents en fonction du critère κa (avec $\kappa = 2\pi/\lambda$, et a le côté de l'objet étudié). Dans un premier temps, la TSCS est déduite de l'équation (3.2) en illuminant l'objet par un grand nombre d'ondes planes (incidences uniformément distribués autour de l'objet). Regardant le coût de calcul, la modélisation du formalisme espace libre exige une simulation

143

FDTD pour chaque incidence et polarisation d'onde plane. Dans un second temps, le calcul implique le formalisme CR développé dans ce manuscrit. Les simulations ont été réalisées sur le même ordinateur (Processeur Intel Xeon 2.80 *GHz*, RAM 3 *Go*), un gain de 65 % de temps de calcul est obtenu à partir des simulations CR comparées à ceux d'espace libre.

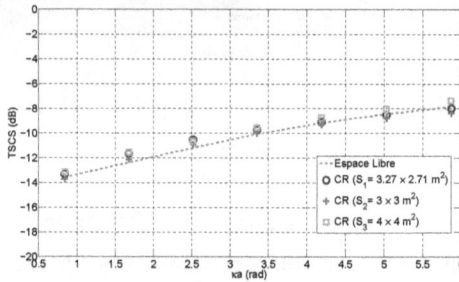

FIGURE 3.42 – Calcul de la TSCS d'un fil parfaitement métallique (coté $a = [2; 4; 6; 8; 10; 12; 14]$ cm) à partir des simulations en chambre réverbérante et en espace libre.

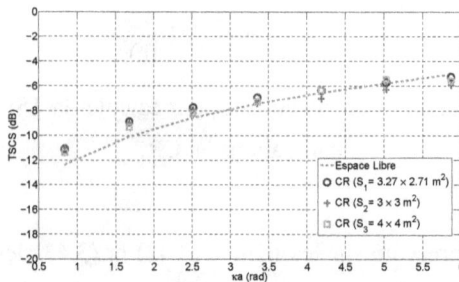

FIGURE 3.43 – Calcul de la TSCS d'un carré parfaitement métallique (coté $a = [2; 4; 6; 8; 10; 12; 14]$ cm) à partir des simulations en chambre réverbérante et en espace libre.

La comparaison des résultats obtenus à partir de trois différentes CRs dont les surfaces sont $S_1 = 3.27 \times 2.71$ m^2 (marqueurs circulaires), $S_2 =$

144

3×3 m^2 (marqueurs croix), $S_3 = 4\times4$ m^2 (marqueurs carré) et l'espace libre (courbe pointillée) sur les figures (3.42) et (3.43) a montré un bon accord considérant plusieurs tailles d'objets étudiés. En raison de la dimension de la CR, les objets testés peuvent avoir une taille limitée mais, a priori, aucune restriction n'intervient sur les hypothèses de la méthode concernant la forme des objets.

En suivant le même processus décrit précédemment (simulation CR avec $S = 3.27 \times 2.71$ m^2), la figure (3.44) montre comment cette technique peut être utile pour distinguer les objets. Actuellement, les pentes de $C(t)$ correspondants à quatre différents objets (Fig. 3.41) sont présentées. On peut remarquer que les valeurs de la TSCS sont (-9.21, -7.96, -6.58, -6.02 dB) respectivement pour les objets (a, b, c, d) de la figure (3.41). Evidemment, la présence de chaque objet implique un impact typique (sans doute pas d'influence sans objet, ligne grise pointillée sur la figure). Selon la figure (3.44), le calcul de la pente de $C(t)$ semble suffisamment efficace pour bien distinguer ces objets.

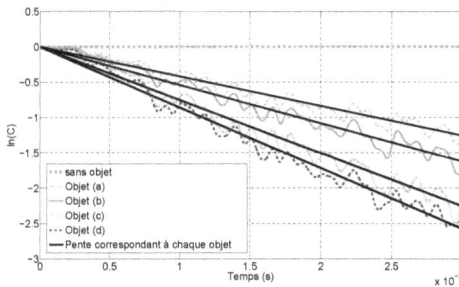

FIGURE 3.44 – La pente de $C(t)$ correspondant à différentes objets de la figure 3.41.

Enfin, cette technique (calcul de la TSCS en CR) fournit des informations importantes sur le comportement diffractant des objets avec un coût

de calcul plus faible par rapport aux simulations espace libre (particulièrement les simulations dans un domaine à trois dimensions où le calcul de
la TSCS en espace libre a besoin de la génération d'un très grand nombre
d'ondes planes).

Dans le dernier chapitre, les différentes études théoriques et numériques évoquées jusqu'ici vont être appliquées numériquement par le logiciel CST Microwave Studio® pour des applications à des études CEM
en CRBM .

Chapitre 4

Applications à des études CEM en CRBM

4.1 Introduction

Depuis 2001, l'équipe CEM du LASMEA dispose d'une CRBM dans laquelle sont menées aussi bien des recherches fondamentales que des applications industrielles. Historiquement, les études et les essais dans la CRBM se déroulent principalement dans le domaine fréquentiel. L'application du processus de retournement temporel et du calcul de la section efficace totale de diffraction (TSCS) va nous permettre de mettre en œuvre des techniques temporelles pour les études CEM en CRBM. Une des applications temporelles prévues dans le domaine de la CEM est le test de susceptibilité impulsive et la focalisation sélective. En effet, une partie de l'EST est agressé par un pic de focalisation du champ, tandis que l'autre partie est soumise à des niveaux plus faibles.

L'autre application temporelle est la caractérisation d'EST par le calcul de la TSCS. Ce calcul, qui est historiquement mené en espace libre, devient parfois problématique voire impossible si l'EST présente une géométrie complexe surtout dans un domaine 3D (comme dans le cas des brasseurs par exemple). Le calcul de la TSCS en CR permet d'apporter des économies en termes de temps de mesures et peut être appliqué sur n'importe quel objet complexe.

Dans ce chapitre, premièrement une étude du RT est menée numériquement dans la CRBM du LASMEA, ensuite des essais sur le contrôle de la polarisation et sur le changement du milieu entre les deux phases du processus du RT seront traités. Puis l'influence de la présence du brasseur sera étudiée en terme de rapport SSB, ce qui va nous mener à caractériser ce dernier via le calcul de la TSCS. Cette caractérisation est réalisée parallèlement avec des tests CEM normatifs [23]. Enfin, les exemples de tests en susceptibilité impulsive et en focalisation sélective permettront de démontrer l'intérêt des méthodes de RT pour des études CEM.

Les simulations numériques dans ce chapitre sont réalisées par le logiciel commercial CST MICROWAVE STUDIO®, une des raisons de choisir ce logiciel est son solveur transitoire ainsi que la possibilité offerte de modéliser des cas plus complexes que nos outils de simulation propres. Ce logiciel est capable d'injecter des signaux arbitraires par les ports de ces antennes, ce qui est nécessaire durant la deuxième phase de RT. Inspiré par les caractéristiques de la CRBM du LASMEA, dont les dimensions ainsi qu'une vue interne sont rappelées sur la figure (4.1), les parois sont modélisées avec une conductivité $S_c = 1,1\ 10^6\ S/m$, en outre le brasseur a une conductivité de $2,4\ 10^7\ S/m$. La fréquence maximale des études dans ce chapitre est de $1\ GHz$. Ainsi, la discrétisation spatiale s'appuie sur des pas de $0,65\ cm$ et $3\ cm$ correspondant respectivement à la plus petite et la plus grande maille. Le pas de discrétisation temporel est de $24,4\ ps$.

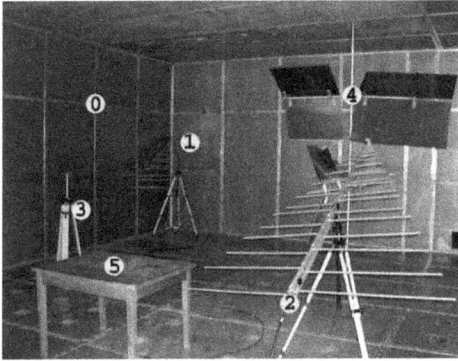

FIGURE 4.1 – Vue intérieure de la CRBM du LASMEA
$(6, 7 \times 8, 4 \times 3, 5 \ m^3)$. Caractéristiques : (0) parois, antennes (1) d'émission et (2) de réception, (3) sonde de champs, (4) brasseur mécanique, (5) VU.

4.2   Caractérisation du RT en CRBM

Dans cette première partie une étude sur le RT dans la CRBM du LAS-MEA est menée. La configuration numérique de cette étude est donnée par la figure (4.2), où la focalisation est observée à partir d'une sonde isotrope. Les essais sont effectués en présence du brasseur de modes en une position donnée.

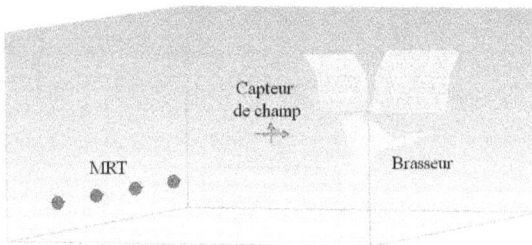

FIGURE 4.2 – CRBM du LASMEA simulée par CST MICROWAVE STUDIO®.

149

4.2.1 Contrôle de la polarisation du champ focalisé

Basée sur les principes de RT (section 1.5), et compte tenu des caractéristiques du simulateur (les sondes isotropes ne permettent pas d'emettre un champ), les signaux nécessaires pour la deuxième phase peuvent être obtenus en injectant directement le signal d'excitation un par un sur les antennes du MRT (section 2.1.2). En effet, les trois composantes cartésiennes du champ électrique (E_α, avec $\alpha = x, y$ ou z : composante cartésienne du champ) sont enregistrées par la sonde isotrope du champ. On peut choisir la polarisation α du signal focalisé ($E_{RT\alpha}$) en retro-propageant, par le MRT, le signal enregistré par la sonde correspondant soit à x, y, ou z sans changer la polarisation des antennes du MRT (Fig. 4.3).

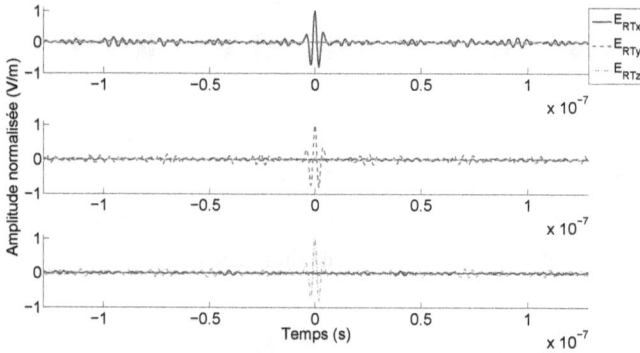

FIGURE 4.3 – Contrôle de la polarisation du signal focalisé.

Ce résultat a été étudié expérimentalement et théoriquement dans [46]. En effet, à partir de l'équation (2.2), le signal reçu par un capteur du MRT est donné en fréquentiel par :

$$y_i(\omega) = x(\omega)k(R_i \to R_0, \omega) \tag{4.1}$$

où $x(\omega)$ est le spectre de l'impulsion d'excitation, et $k(R_i \to R_0, \omega)$ est le spectre de la réponse impulsionnelle enregistrée par un capteur R_i du MRT à l'issu d'une excitation émise de R_0.

L'équation (4.1) peut être écrite sous la forme :

$$y_i(\omega) = x(\omega) \sum_{\alpha=1}^{3} k_\alpha(R_i \rightarrow R_0, \omega) \qquad (4.2)$$

avec $k_\alpha(R_i \rightarrow R_0, \omega)$ correspond aux réponses impulsionnelles scalaires liées aux polarisations des composantes cartésiennes où α représente x, y ou z.

Le signal retourné s'écrit :

$$y_{RTi}(\omega) = y_i^*(\omega) = x^*(\omega) \sum_{\alpha=1}^{3} k_\alpha^*(R_i \rightarrow R_0, \omega) = x^*(\omega) K^h(R_i \rightarrow R_0, \omega) P$$

$$(4.3)$$

avec $P = (P_1 P_2 P_3)^t$ un vecteur de poids associés aux polarisations cartésiennes du champ. Le signal focalisé en R_0 s'écrit :

$$E_{RT}(R_0, \omega) = x^*(\omega) K(R_i \rightarrow R_0, \omega) K^h(R_i \rightarrow R_0, \omega) P \qquad (4.4)$$

Dans le domaine temporel et à l'instant de focalisation $t = 0$, l'équation précédente se met sous la forme :

$$E_{RT}(R_0, t = 0) = TF_{inv}\{x^*(\omega) K(R_i \rightarrow R_0, \omega) K^h(R_i \rightarrow R_0, \omega) P\} \qquad (4.5)$$

Il a été démontré dans [46] que :

$$\lim_{M \to \infty} E_{RT}(R_0, t = 0) = \varepsilon_0 P \qquad (4.6)$$

151

avec M le nombre de mode dans la CR, et en prenant l'hypothèse que dans une CR surmodée l'énergie du champ est statistiquement isotrope et égale à ε_0.

Ce résultat détaillé dans [46] prouve que la polarisation du champ pulsé focalisé par le processus de RT peut être contrôlée directement par le poids P, sans avoir à tenir compte de données statistiques obtenues sur une révolution du brasseur [23]. Comme on l'a prouvé numériquement par la figure (4.3), on peut contrôler la polarisation en changeant uniquement les signaux à injecter par le MRT sans aucun changement de la polarisation des antennes de ce dernier contrairement aux moyens de test comme les chambres anéchoïques.

4.2.2   Temps d'Heisenberg et nombre d'antennes du MRT

Dans la dernière section de ce chapitre, nous avons mené des tests de focalisation sélective sur un EST. Ces simulations ont été traitées avec une excitation de type gaussienne modulée par un sinus à une fréquence centrale $f_c = 250\ MHz$ et avec une bande passante $\Delta\Omega = 300\ MHz$ (calculée à $-20\ dB$). Pour déterminer la durée de la fenêtre de RT (Δt) et le nombre d'antennes nécessaire pour le MRT, on a tracé sur la figure (4.4) l'évolution du rapport SSB en fonction de Δt pour un MRT composé d'une seule antenne. Déjà évoqué précédemment, on remarque que le rapport SSB présente un plateau de saturation après une certaine durée (appelée le temps d'Heisenberg).

Sur la figure (4.5), l'évolution du rapport SSB en fonction du nombre d'antennes du MRT pour une fenêtre de RT $\Delta t = 1, 2\mu s$ est représentée. On note que ce critère se stabilise aussi pour un nombre d'antennes supérieur à 8. Ces résultats vont nous permettre de déterminer la durée du signal à retourner et le nombre d'antennes du MRT à utiliser, tout en trouvant un

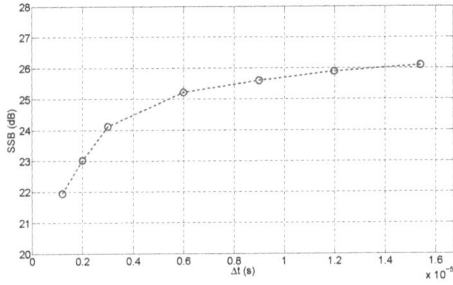

FIGURE 4.4 – Evolution du rapport SSB en fonction de la fenêtre de RT
pour un MRT composé d'une unique antenne.

compromis entre l'optimisation du rapport SSB et les contraintes imposées
par le temps de simulation.

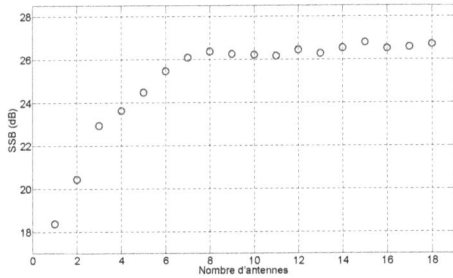

FIGURE 4.5 – Evolution du rapport SSB en fonction du nombre d'antennes
du MRT pour une fenêtre de RT $\Delta t = 1,2\,\mu s$.

4.3 Influence de la géométrie de la cavité et du changement de milieu entre les deux phases du RT

Les essais précédents sont effectués en présence du brasseur de modes figé en une position donnée. Dans le fonctionnement classique d'une CRBM, celui ci est mobile (mode rotation continue) ou la position angulaire est entachée d'une incertitude (mode rotation pas à pas). Une question peut alors se poser sur le comportement du processus RT dans le cas où le milieu entre les deux phases a été modifié. Ainsi, afin d'étudier l'effet du changement de milieu, la première phase de ce processus a été effectuée pour une position donnée du brasseur ; dans la deuxième phase, cette position a été modifiée. Les 12 positions différentes du brasseur de la CRBM du LAS-MEA sont données par le tableau (4.1), la première position correspond à la position initiale puis les autres sont obtenues en effectuant une rotation avec un pas de 30°.

Position	Angle de rotation (°)	Position	Angle de rotation (°)	Position	Angle de rotation (°)
1	0	5	120	9	240
2	30	6	150	10	270
3	60	7	180	11	300
4	90	8	210	12	330

TABLE 4.1 – Les 12 pas de rotation du brasseur de la CRBM du LASMEA.

Comme on peut le remarquer sur la figure (4.6), la stationarité du milieu entre les deux phases est un point a priori crucial : on note qu'aucune focalisation de champ n'est observée.

Une solution pour palier ce problème, est d'enregistrer les réponses impulsionnelles correspondant aux différentes positions du brasseur et ensuite re-propager durant la deuxième phase le retourné temporel de leur somme.

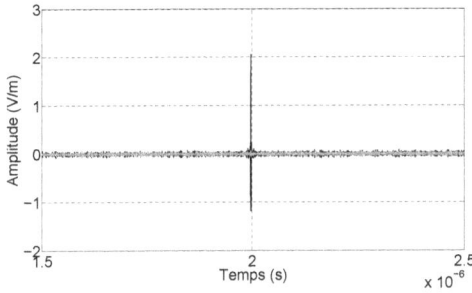

FIGURE 4.6 – Signal focalisé au point de focalisation (sonde isotrope) en changeant le milieu entre les deux phases de RT (courbe grise), et focalisation référence attendue (courbe noire).

Pour cela, sur la figure (4.7) on a tracé la somme des réponses impulsionnelles retournées en relation avec 12 positions différentes du brasseur.

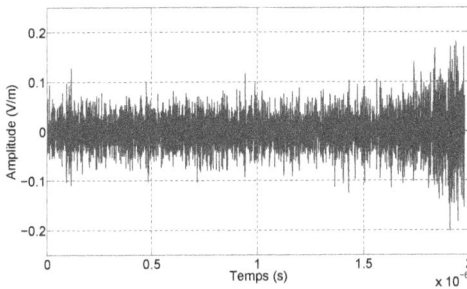

FIGURE 4.7 – Somme des réponses impulsionnelles retournées obtenues pour les 12 positions du brasseur.

Durant la deuxième phase après émission, par les antennes du MRT, des signaux relatifs à cette somme, quelle que ce soit la position du brasseur on observe nettement la focalisation temporelle du champ avec des niveaux comparables (Fig. 4.8).

Pour des études pratiques, la non-stationnarité du milieu est notamment un point important pour le processus de RT, ce sujet fait actuellement l'ob-

155

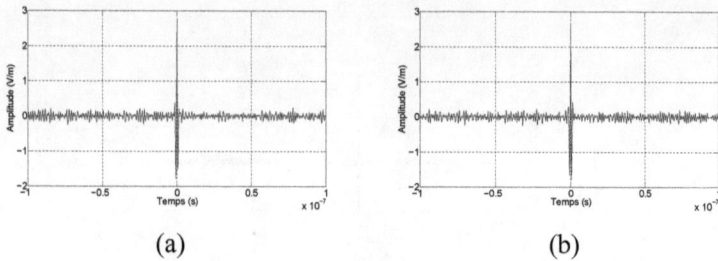

(a)   (b)

FIGURE 4.8 – Focalisation temporelle sur la sonde isotrope alors que durant la deuxième phase le brasseur était suivant la position (a) 6 et (b) 11 (cf. Tab 4.1).

jet de travaux au sein de l'équipe CEM du LASMEA. Cette étude porte sur les limites acceptables concernant les changements de propriétés du milieu entre les deux phases du processus de RT. Dans le cadre des travaux présentés dans ce manuscrit on retiendra simplement, par extension du résultat précédent, la possibilité de focalisation pour une position quelconque du brasseur à partir d'un même signal. Ainsi les résultats suivants restent valables pour un fonctionnement "nominale" de CRBM (par exemple en mode pas à pas). Cependant, afin d'alléger la présentation, nous considérons par la suite à nouveau le brasseur en position fixe.

Après avoir étudié l'influence de la stationnarité du milieu sur le processus de RT, dans la suite nous allons comparer la focalisation spatiale obtenue pour deux configurations différentes : la CRBM sans et avec brasseur, lorsque le signal d'excitation est une gaussienne à $f_{max} = 1$ GHz calculée à -20 dB. La figure (4.9) présente des plans de coupe à l'instant de focalisation obtenus par retournement temporel.

Dans les deux cas, la focalisation a lieu à la position attendue (au niveau de la sonde), mais on remarque que la qualité de cette focalisation varie énormément avec la géométrie de la cavité (tableau 4.2).

156

(a)

(b)

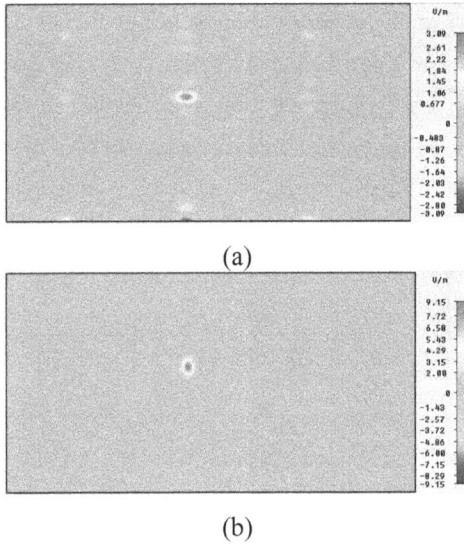

FIGURE 4.9 – Plan de coupe correspondant à l'instant de focalisation (a) sans et (b) avec le brasseur de modes.

La CR sans brasseur, fortement symétrique, présente une tache focale mal définie, contenant des lobes latéraux dont l'amplitude atteint parfois 50 % de l'amplitude maximale du lobe principal. En revanche, pour le cas de la CR avec brasseur, on note que la focalisation spatiale présente une

f_{max} (MHz)	Amplitude maximale de focalisation (V/m)		SSB (dB)	
	Sans brasseur	Avec brasseur	Sans brasseur	Avec brasseur
300	0,027	0,063	22,057	29,826
500	0,178	0,484	29,537	35,524
700	0,707	2,05	33,869	38,461
1000	3,094	9,146	37,681	40,392

TABLE 4.2 – Valeurs des amplitudes maximales de focalisation et des rapports SSB dans les deux cas "sans" et "avec" brasseur.

tache focale dont les lobes secondaires sont très faibles. Le niveau de ces lobes secondaires est donc dû aux symétries contenues dans les configurations utilisées. Ceci est relié à la notion de décorrélation spatio-temporelle. En effet, d'après la section (2.1.2), nous pouvons dire que le champ en un point arbitraire de l'espace après émissions des signaux retournés par le MRT est donné par l'équation suivante :

$$E_{RT}(\mathbf{r}, t) = \sum_{i=1}^{M} k(R_i \rightarrow \mathbf{r}, t) \otimes y_i(-t) = \sum_{i=1}^{M} k(R_i \rightarrow \mathbf{r}, t) \otimes k(R_0 \rightarrow R_i, -t) \otimes x(-t) \quad (4.7)$$

Et au point de focalisation le champ focalisé est donné par :

$$E_{RT}(R_0, t) = \sum_{i=1}^{M} k(R_i \rightarrow R_0, t) \otimes y_i(-t) = \sum_{i=1}^{M} k(R_i \rightarrow R_0, t) \otimes k(R_0 \rightarrow R_i, -t) \otimes x(-t) \quad (4.8)$$

où $\mathbf{r}$ est la position spatiale, R_0 correspond à la position de la sonde isotrope, $x(t)$ le signal d'excitation et k la réponse impulsionnelle entre deux points. Dans une configuration idéale, l'expérience de retournement temporel restituerait fidèlement le champ émis initialement (l'impulsion d'excitation), si bien que nous pourrions écrire :

$$E_{RT}(\mathbf{r}, t) = \delta(\mathbf{r} - R_0).\delta(t - t_0) \otimes x(-t) \quad (4.9)$$

où t_0 et $\delta(\mathbf{r} - R_0).\delta(t - t_0)$ représentent respectivement le temps de focalisation et le produit de deux distributions de Dirac (spatiale et temporelle).

Quand les réponses impulsionnelles $k(R_i \rightarrow \mathbf{r}, t)$ ne se réduisent pas à de simples distributions de Dirac, une condition pour que l'équation (4.9) soit satisfaite est que les réponses impulsionnelles $k(R_i \rightarrow \mathbf{r}, t)$ soient totalement décorrélées. En effet le champ décrit par l'équation (4.7), mesuré

158

en un point arbitraire **r**, suite à l'émission du retourné temporel de la réponse impulsionnelle acquise en R_0, résulte du produit de corrélation entre les réponses impulsionnelles en **r** et R_0. À la position **r** $= R_0$ apparaît un maximum de corrélation, donc un maximum d'énergie. Si les réponses impulsionnelles sont décorrélées, l'énergie reste minimale pour les points **r** $\neq R_0$. Dans une configuration expérimentale réelle, la décorrélation totale des réponses impulsionnelles est irréalisable. En revanche un minimum de corrélation entre les réponses impulsionnelles de deux points voisins est attendu lorsque celles-ci résultent des diffractions à l'intérieur d'une cavité ergodique.

Dans le cas de la CR sans brasseur, la structure présente une certaine symétrie, donc deux sources ponctuelles symétriques à l'intérieur de la chambre peuvent engendrer la même réponse impulsionnelle. Dans ce cas la cavité n'assure pas la décorrélation spatio-temporelle, et si nous focalisons une onde sur un de ces deux points, apparaît automatiquement un lobe secondaire sur l'autre point. Ainsi, théoriquement le résultat optimal de focalisation est obtenu avec une cavité possédant la propriété d'ergodicité.

Sur la figure (4.10), nous avons tracé le rapport SSB du signal focalisé après RT pour chacune des 12 positions différentes du brasseur (excitation gaussienne avec $f_{max} = 700\ MHz$).

L'étude du rapport SSB et des lobes secondaires ne donne pas beaucoup d'information pour caractériser le brasseur de modes hormis sa possibilité à rendre ou non le milieu moins symétrique. Dans la section suivante, une tentative pour caractériser le brasseur de modes du LASMEA sera effectuée par le calcul de sa TSCS à partir de la technique décrite précédemment dans ce manuscrit.

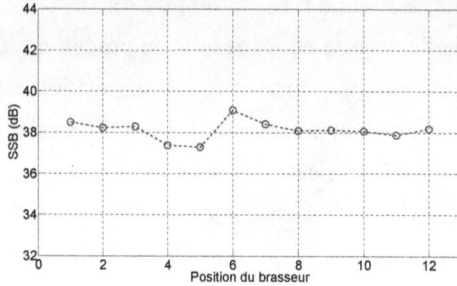

FIGURE 4.10 – Rapport SSB correspondant à chacune des 12 positions du brasseur.

4.4 Caractérisation du brasseur de la CRBM par le calcul de la TSCS

4.4.1 Illustration numérique

Une application numérique du calcul théorique de la TSCS en CR présenté dans la section (2.3.1), et dont une étude paramétrique a été effectuée dans le chapitre précédent est présentée dans cette partie dans un domaine 3-D. Pour cela, dans un premier temps, on va considérer une cavité de 1 m^3 dont les parois sont modélisées par des PEC pour simuler une CR sans perte. L'excitation est une gaussienne modulée par un sinus de fréquence centrale f_c = 2, 45 GHz et bande passante $\Delta\Omega$ = 500 MHz (calculée à -20 dB, Fig. 4.11).

La raison pour laquelle nous avons choisi une CR de 1 m^3 au lieu de la configuration de la CRBM du LASMEA pour effectuer cette première étude illustrative est que le premier exemple étudié concerne une sphère de dimension limitée, qui ne nécessite pas d'utiliser une chambre de grande dimensions. En effet, pour l'étude de cet objet, des limitations techniques liées à l'adéquation entre fréquence du signal d'excitation et dimensions de la cavité nous obligent à calibrer notre modèle ainsi.

160

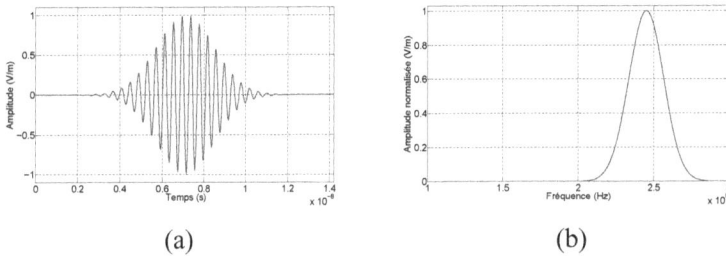

(a)   (b)

FIGURE 4.11 – (a) L'impulsion d'excitation et (b) son spectre.

Pour augmenter la diversité spatiale des simulations, nous avons utilisé un ensemble de 8 dipôles (demi-ondes) comme source d'excitation placés sur un côté de la chambre. La distance entre deux antennes consécutives est d'environ une demi-longueur d'onde (λ). Le champ électrique quant à lui est enregistré par 8 sondes isotropes de champ placées de l'autre côté de la cavité. En pratique, cette dernière configuration numérique est répétée pour 10 positions différentes de l'objet testé (ici une sphère métallique de rayon $r = 4,5\ cm$) introduit dans la CR. Les positions sont également distribuées avec une distance $d \cong \lambda$ afin de minimiser la corrélation entre les mesures numériques.

En terme d'énergie, le numérateur du rapport $C(t)$ (Equ. 2.27) est proportionnel à l'énergie de l'onde dite "cohérente" en fonction du temps, en revanche le dénominateur est proportionnel à l'énergie totale de l'onde ("cohérente" et "diffusée"). Sur la figure (4.12), les enveloppes du numérateur et du dénominateur de $C(t)$ sont présentées en dB (le post traitement est effectué avec la composante cartésienne $p = z$ du champ électrique).

L'environnement est sans perte, le terme $\left\langle E_p^2(t) \right\rangle_{\alpha,\beta,\delta}$ (numérateur de $C(t)$) est constant en fonction du temps, ce qui est en accord avec la notion de conservation de l'énergie. En revanche, pour le terme $\left\langle \left\langle E_p(t) \right\rangle_\delta^2 \right\rangle_{\alpha,\beta}$ (dénominateur de $C(t)$), on observe une décroissance exponentielle. Plus forte est la capacité de diffusion électromagnétique pour l'EST, plus la probabi-

161

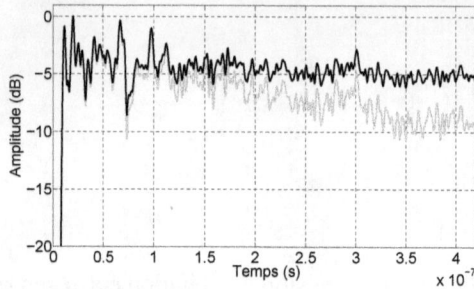

FIGURE 4.12 – L'enveloppe du numérateur (courbe grise) et du dénominateur (courbe noire) de $C(t)$ pour 10 positions différentes de la sphère dans le cas d'une CR sans perte.

lité qu'une onde se diffracte au moins une fois par l'objet augmente (i.e. $\left\langle \left\langle E_p(t) \right\rangle_\delta^2 \right\rangle_{\alpha,\beta}$ décroît rapidement). Un post traitement des données est utilisé pour calculer $C(t)$ depuis l'équation (2.27) en moyennant par rapport aux différentes positions de l'objet, sources et sondes. À partir de l'approximation de type "moindres carrés" de l'évolution de C par rapport au temps (Fig. 4.13) et les équations (2.26, 2.28), on peut simplement déduire la TSCS de la sphère.

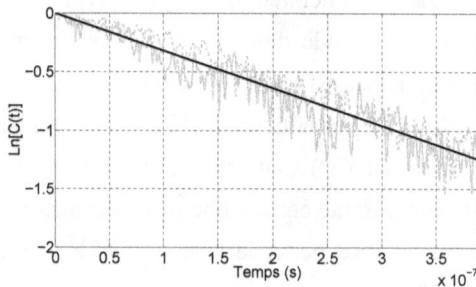

FIGURE 4.13 – Evolution du Rapport C en fonction du temps dans une CR sans perte (courbe grise continue), avec perte (courbe grise pointillée), et leur approximation "moindres carrés" (courbe noire).

162

Comme prévu théoriquement et numériquement dans l'étude paramétrique, le calcul de la TSCS par cette technique est indépendant des pertes dans la CR. Ceci est vérifié par la figure (4.13), où nous avons tracé l'évolution du rapport C dans une CR avec perte (modélisée par des parois de conductivité $S_c = 10000\ S/m$). L'estimation linéaire (Fig. 4.13, courbe noire continue) apparait commune dans le processus de post-traitement.

Les simulations ont été effectuées pour des sphères parfaitement métalliques de différentes dimensions : $C(t)$ est évalué pour chaque sphère et sa TSCS est calculée. La figure (4.14) montre les valeurs obtenues en fonction du produit entre le nombre d'onde (κ) à $2,45\ GHz$ et le rayon de la sphère (r). Ces résultats sont comparés avec la courbe théorique obtenue à partir de [73]. Nous observons le bon accord entre les résultats numériques et théoriques, hormis pour quelques points où on note des petites inadéquation. Ces dernières pourraient être dues au maillage de la sphère surtout pour les petites dimensions (le maillage de la surface de la sphère n'est pas parfait), et à l'incertitude parfois présente au cours de la détermination de la pente du rapport $C(t)$.

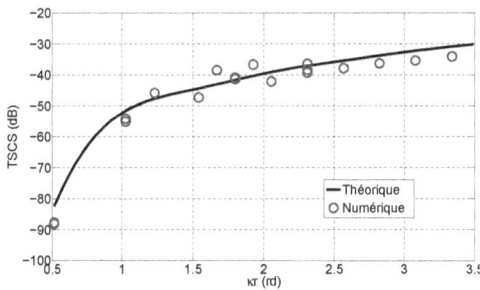

FIGURE 4.14 – Valeurs théoriques de la TSCS et numériques obtenues par le calcul en CR.

Dans la partie suivante, une classification par le calcul de la TSCS en CR est appliquée pour différentes formes de diffuseurs, cette classification

163

est comparée avec des tests CEM normatifs.

4.4.2 Caractérisations des brasseurs

La configuration utilisée dans cette partie est donnée par la figure (4.15) comprenant la CRBM, le brasseur, 8 sources d'excitation et 8 sondes isotropes de champ.

Cette configuration est utilisée pour calculer numériquement la TSCS de plusieurs formes de diffuseurs : le brasseur de la CRBM du LASMEA (Fig. 4.16a, diffuseur a), et d'autres formes génériques (Fig. 4.16b : diffuseur b, Fig. 4.16c : diffuseur c). Ces différentes formes ont respectivement une conductivité de $2,74.10^7$ S/m et une surface globale de $5,65$ m^2. On notera sur la figure (4.16) que la discrétisation (facettes triangulaires) est purement géométrique lors de la définition des objets et non électromagnétique. La discrétisation réellement utilisée par le code de calcul CST MICROWAVE STUDIO® s'appuie sur des mailles de $0,65$ cm et 3 cm pour les valeurs minimale et maximale.

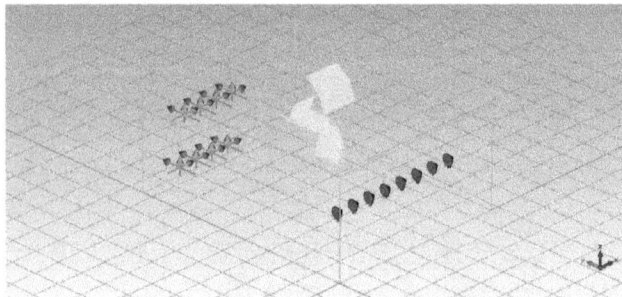

FIGURE 4.15 – Configuration numérique du calcul de la TSCS du brasseur dans la CRBM.

De la même manière que dans le cas de la sphère métallique, le signal d'excitation est une gaussienne modulée par un sinus mais cette fois pour

164

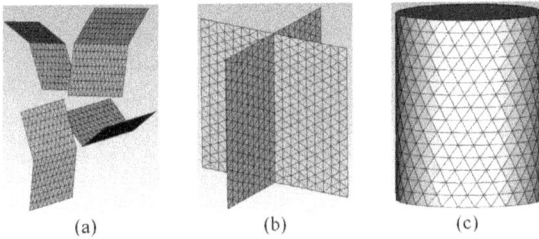

FIGURE 4.16 – Différentes formes de diffuseurs.

une gamme de fréquences : $f_c = 750\ MHz$ et $\Delta\Omega = 500\ MHz$ (calculée à $-20\ dB$). Pour chaque diffuseur neuf positions différentes sont choisies dans la CR. Le nombre de localisations (9) est imposé par les contraintes et hypothèses empiriques du processus [58]. Ces dernières nécessitent de séparer les positions du brasseur avec une distance supérieure à la longueur d'onde maximale, et de rester loin des parois de la CR (distance supérieure a $\lambda/2$). Sur la figure (4.17), on a tracé le rapport $C(t)$ correspondant à chaque diffuseur. Après estimation des paramètres τ_s, les valeurs de la TSCS sont calculées pour les différentes cas (Fig. 4.16). On obtient respectivement les valeurs $3.8\ dB$, $1.8\ dB$ et $0.2\ dB$ pour les diffuseurs (a), (b) et (c). Ainsi, l'objet (a) prévoit une plus grande efficacité de diffusion que (b) et (c), ce qui semble logique compte tenu de la complexité apparente de ces 3 brasseurs.

Afin de comparer la capacité de diffusion des brasseurs avec leurs caractéristiques du point de vue des tests normatifs CEM (section 1.4.3.2), des simulations ont été réalisés pour les différents diffuseurs. Pour cela, nous conservons la même configuration que précédemment mais cette fois nous avons une antenne d'émission qui émet une excitation couvrant la bande de fréquence $[0, 5\ GHz\ \text{-}\ 1\ GHz]$. Le champ électrique est enregistré par des sondes isotropes situées sur les 8 coins du volume utile (Fig. 4.18). Selon le tableau (1.1), et tenant compte de la fréquence minimale d'utilisation de notre configuration (la CRBM du LASMEA) et la bande passante

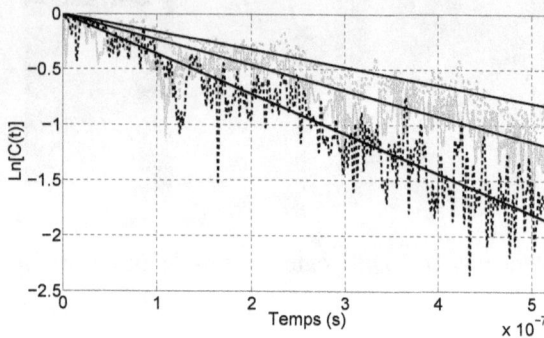

FIGURE 4.17 – Le rapport $C(t)$ et son approximation linéaire correspondant à chacun des diffuseurs : a (courbe noire pointillée), b (courbe grise continue), c (courbe grise pointillée), approximation linéaire (courbe noire continue).

FIGURE 4.18 – Configuration numérique des tests CEM normatifs.

étudiée, les simulations ont été répétées pour 12 pas de rotation [23] (a, b et c sont considérés séparément comme le brasseur dans la CR).

Déjà évoqué dans la section (1.4.3.2), l'uniformité et l'isotropie du champ sont définies comme des écart-types par rapport à la valeur moyenne des mesures maximales obtenues pour chacun des 12 pas (un tour complet) du brasseur.

S'appuyant sur la norme (IEC 61000-4-21), si les écarts-types sont

166

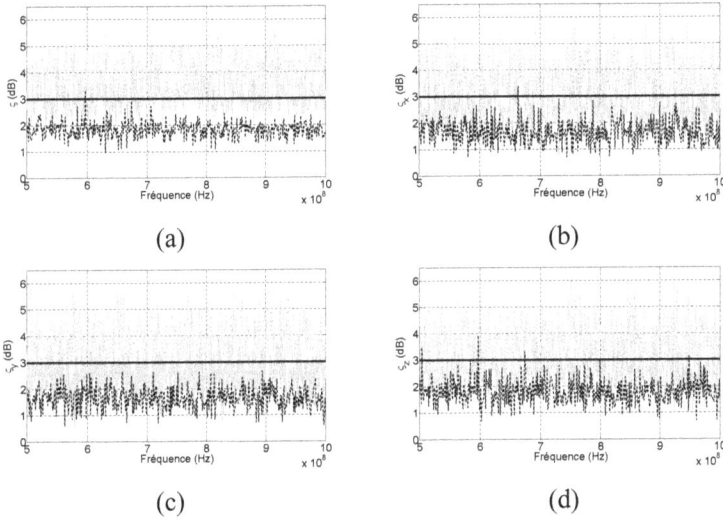

FIGURE 4.19 – Ecart-type par rapport à la valeur moyenne des mesures maximales obtenues pour chacun des 12 pas du brasseur (diffuseur a : noire pointillée, diffuseur b : grise continue, diffuseur c : grise pointillée). (a) Calculé à partir de l'équation (1.47), et l'équation (1.48) pour (b) $\alpha = x$, (c) $\alpha = y$, (d) $\alpha = z$.

conformes aux contraintes de tolérance ($< 3\ dB$), alors nous pouvons dire que les propriétés d'uniformité et d'isotropie du champ électrique sont vé-rifiées. Ainsi, nous avons tracé sur la figure (4.19) les différents écart-types calculés à partir des équations (1.47) et (1.48) correspondant à chacune des formes des diffuseurs. D'après la figure (4.19), on note que la forme (a) respecte la contrainte précédente contrairement aux autres cas. Donc nous pouvons simplement en déduire que (a) (brasseur du LASMEA) a une efficacité de rendre le milieu uniforme et isotrope plus importante que les autres.

Parallèlement, les calculs de TSCS précédents font apparaître une capacité de diffraction supérieure pour le brasseur (*a*) par rapport au brasseur (*b*) et (*c*). Ceci suggère l'importance du pouvoir de diffusion du brasseur pour des tests CEM.

Notre caractérisation effectuée via le calcul de la section efficace totale de diffraction des brasseurs de modes dans le domaine temporel, paraît intéressante pour la classification de ces derniers. Ainsi, nos travaux pourraient être complémentaires à d'autres études dans ce domaine. Les travaux précédents ont montré combien il peut être complexe d'établir des liens formels quant à l'efficacité de telle ou telle forme de brasseur pour une CRBM donnée. Ces études donnent toujours lieu à des développements aussi bien du point de vue numérique qu'expérimental (programme PICAROS [74] notamment).

Dans cette section, nous avons vu l'intérêt d'une technique temporelle appliquée aux études CEM, plus spécialement à la caractérisation du brasseur de modes de la CRBM. Dans la prochaine section, nous allons étudier la possibilité de faire des tests de susceptibilité impulsives dans la CRBM par la méthode de RT.

4.5 Test de susceptibilité impulsive par RT

4.5.1 Configuration numérique

La configuration numérique de notre exemple est donnée par la figure (4.20). La table de support est en bois et l'EST est un boîtier en aluminium. On désire focaliser respectivement sur les trois composants de ce dernier modélisés par trois dipôles. Le signal d'excitation est une gaussienne modulée par un sinus de fréquence centrale de 250 *MHz* avec une bande passante de 300 *MHz* (calculée à −20 *dB*). Le MRT est composé de deux antennes demi-onde de longueur 60 *cm*.

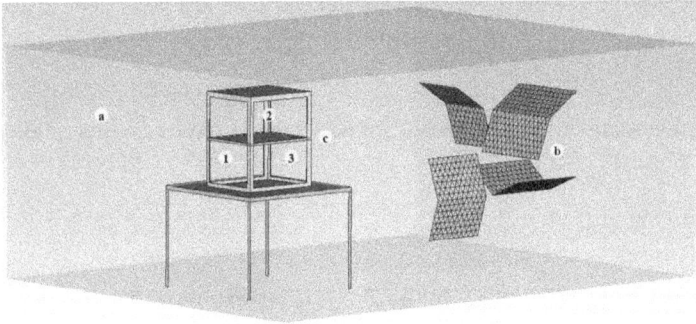

Figure 4.20 – CRBM du LASMEA simulée par CST MICROWAVE STUDIO® : dimensions (6, 7 *m* × 8, 4 *m* × 3, 5 *m*), (a) parois, (b) brasseur mécanique, (c) EST, (1)(2)(3) les trois composantes de l'EST.

Le choix du nombre d'antennes du MRT et de la durée de la fenêtre de RT (Δt) est pris en analysant les résultats obtenus sur les figures (4.4) et (4.5). En effet, afin de déterminer la durée de la fenêtre de RT, nous avons besoin de calculer le temps d'Heisenberg de la CRBM. Ce dernier est donné par l'équation (2.12).

Pour effectuer un tel calcul nous avons besoin de connaitre la densité de modes de la chambre. Cette dernière est connue pour une cage de Faraday et donnée par la formule (1.32). Or, dans notre cas, on a un brasseur de mode qui est présent dans la CRBM, le calcul du temps d'Heisenberg, autrement dit la densité de mode de la CRBM, à la fréquence (f_c) peut être déduite de la figure (4.4). On peut noter que le rapport SSB en fonction de Δt se stabilise à partir d'une durée à peu près égale à 12 μs.

Or une simulation de 12 μs avec les grandes dimensions de la CRBM du LASMEA est pénalisante en terme de temps de calcul, on a choisi de diminuer le temps de simulation tout en augmentant le nombre d'antennes du MRT. La figure (4.5) montre, pour une Δt de 1.2 μs, que le rapport SSB se stabilise pour un nombre d'antennes supérieur à 8. Le nombre d'antennes nécessaire pour une expérience de RT est donné par le rapport $\Delta H/\Delta t$, d'où le choix d'une durée $\Delta t = 4,25$ μs avec 2 antennes comme MRT, ce qui est un compromis entre l'optimisation du rapport SSB décrit précédemment et les contraintes imposées par le temps de simulation.

4.5.2   Focalisation sélective

Dans cette partie, nous allons vérifier la possibilité de focaliser le champ électrique sur l'un des trois composants de l'EST (Fig. 4.20), alors que les autres sont agressés par des niveaux plus bas (bruit). Pour ce faire, considérons l'exemple où les valeurs seuils sont respectivement 15 V/m, 70 V/m et 40 V/m (i.e. les valeurs seuils du champ électrique que nous nous interdisons de dépasser) pour les trois composants. Après avoir enregistré les réponses impulsionnelles $k_{ij}(t)$ avec $1 \leq i \, << \, 2$: nombre d'antennes du MRT et $1 \leq j \leq 3$: nombre de composants de l'EST, et vu la linéarité du système, nous pouvons focaliser sur n'importe quel composant et avec l'amplitude de focalisation désirée par un simple post-traitement. En effet, si par exemple nous voulons focaliser sur le composant 2 (Fig. 4.21c, 4.21d), nous allons retro-propager selon la première antenne du MRT le signal $pk_{12}(-t)$ et le signal $pk_{22}(-t)$ par la deuxième antenne, où p est le poids qui correspond à l'amplification désirée. Le coefficient p correspond au contrôle de l'amplitude de focalisation par le processus de RT (le pic de focalisation peut être augmenté ou diminué via le nombre d'antennes du MRT, la durée de la fenêtre de RT, ou un poids d'amplification externe). Nous avons tracé sur la figure (4.21) les focalisations temporelles et spatiales correspondant à la focalisation "sur demande" avec le pic de focalisation désiré sur chacun des trois composants séparément. La focalisation spatiale correspond au maximum du champ enregistré sur toute la durée de simulation pour chaque maille du plan de coupe.

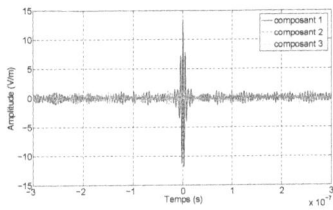

(a)　　　　　　　　　　　　　　　(b)

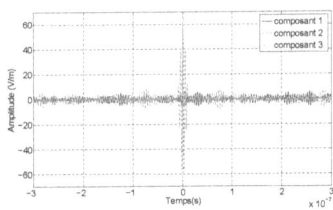

(c)　　　　　　　　　　　　　　　(d)

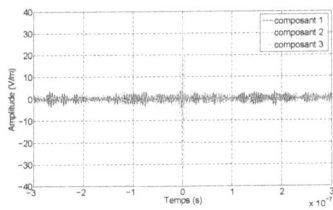

(e)　　　　　　　　　　　　　　　(f)

FIGURE 4.21 – Focalisation temporelle du champ électrique sur : (a) le composant 1 avec $p = 1$, (c) le composant 2 avec $p = 5$, (e) le composant 3 avec $p = 3$. Focalisation spatiale du maximum du champ électrique total sur : (b) le composant 1 avec $p = 1$, (d) le composant 2 avec $p = 5$, (f) le composant 3 avec $p = 3$.

On note que, pour les différents cas, le maximum du champ observé

171

coïncide bien avec la position spatiale de chaque composant. En plus, on remarque que, pour le deuxième cas nous avons focalisé sur le composant 2 (Fig. 4.21c, 4.21d) tout en respectant (dans cet exemple) la valeur seuil du premier composant (le composant 1 est agressé par un champ dont la valeur numérique est plus petite que 15 V/m), de même pour le troisième cas.

Pour atteindre l'amplitude de focalisation désirée sur le composant 2 (64 V/m, plus faible que la valeur seuil de 70 V/m), les réponses impulsionnelles $k_{12}(-t)$ et $k_{22}(-t)$ ont été multipliées par le poids $p = 5$. On note donc que, suivant cette idée, on peut contrôler le temps, la position, et l'amplitude de focalisation.

Le choix de la valeur du poids p n'est pas arbitraire, en effet comme on peut le voir sur la figure (4.22), et comme prévu, la variation de l'amplitude de focalisation en fonction de p est linéaire donc en peut prédire sa valeur en fonction de la valeur de l'amplitude du pic de focalisation désiré.

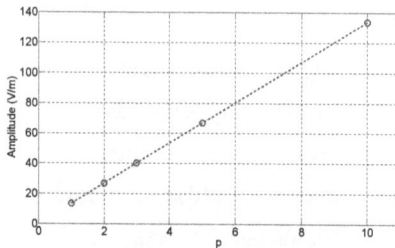

FIGURE 4.22 – Variation de l'amplitude du pic de focalisation sur le premier composant en fonction du poids p.

Maintenant si l'on souhaite, par exemple, focaliser en même temps sur le premier et le troisième composant respectivement avec des pics de focalisation de 13 V/m et 35 V/m, on somme et retro-propage les réponses

(a)

(b)

(c)

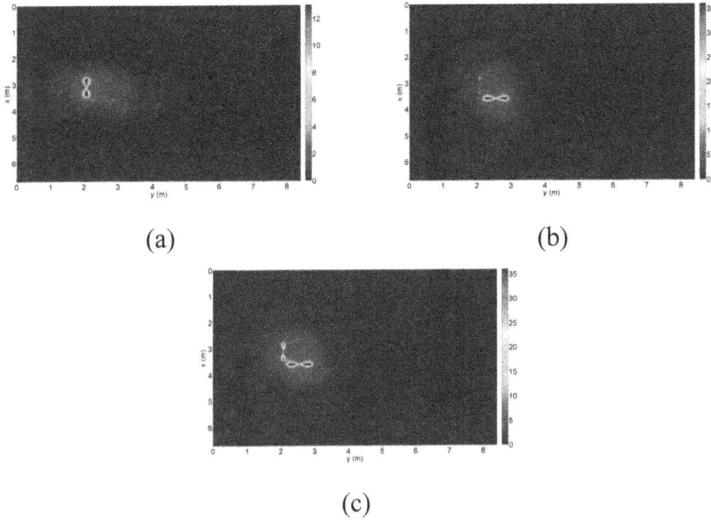

FIGURE 4.23 – Plan de coupe ($z = 1,4\ m$) du champ électrique total correspondant au maximum de la focalisation sur : (a) le composant 1 avec $p = 1$, (b) le composant 3 avec $p = 3$, et (c) ensemble sur les deux composants 1 avec $p = 1$ et 3 avec $p = 3$.

impulsionnelles correspondantes (on émet par la première antenne du MRT le signal $p_1 k_{11}(-t) + p_3 k_{13}(-t)$ avec $p_1 = 1$ et $p_3 = 3$, et par la deuxième antenne le signal $p_1 k_{21}(-t) + p_3 k_{23}(-t)$). La figure (4.23) justifie cette approche et montre la possibilité de la focalisation sélective par RT.

La focalisation sélective ne concerne pas seulement l'endroit de focalisation mais aussi le temps de focalisation. Pour l'exemple de la figure (4.24b) on a procédé de la même manière que précédemment, mais la focalisation aura lieu respectivement sur les composants 1, 2 et 3 avec des instants différents. Pour ce faire, durant la deuxième phase, on va émettre par la première antenne du MRT le signal correspondant à $p_1 k_{11}(-t) + p_3 k_{13}(-t + t1) + p_2 k_{12}(-t + t2)$ (Fig. 4.24a) et par la deuxième antenne

173

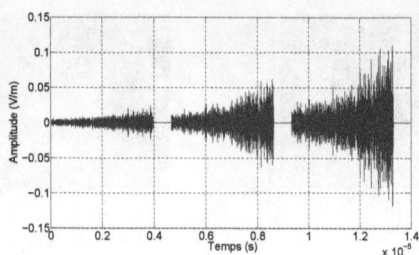

(a)

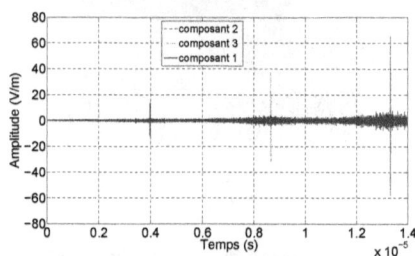

(b)

FIGURE 4.24 – (a) Signal émis par la première antenne du MRT pour obtenir une focalisation sur les 3 composants de l'EST à différentes instants. (b) champ électrique sur les 3 composants de l'EST après la deuxième phase du RT.

le signal $p_1 k_{21}(-t) + p_3 k_{23}(-t + t1) + p_2 k_{22}(-t + t2)$ avec t_1 et t_2 qui correspondent aux décalages temporels qu'il faut effectuer sur les réponses impulsionnelles choisies afin de contrôler les temps de focalisations.

En suivant la même démarche, la focalisation peut être périodiser comme on peut le voir sur la figure (4.25), où trois focalisations successives sur le deuxième composant de l'EST sont représentées. Le contrôle du nombre d'instants de focalisation, en plus des propriétés du champ focalisé, présente des avantages notamment pour des applications en bio-compatibilité électromagnétique (bio-CEM) et plus particulièrement dans le cadre d'études

174

sur les effets des rayonnements sur le vivant [75].

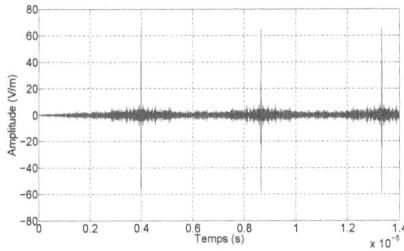

FIGURE 4.25 – Périodisation de la focalisation, champ électrique sur le composant 2 de l'EST après la deuxième phase du RT.

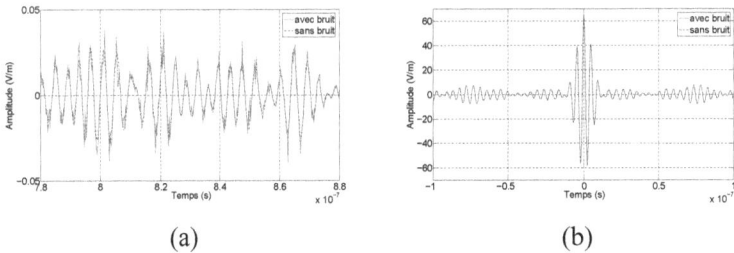

(a)   (b)

FIGURE 4.26 – (a) Zoom sur une partie du signal $pk_{12}(-t)$ et (b) la focalisation obtenue sur le composant 2 sans et avec bruit.

Dans la réalité lorsqu'on réalise des mesures expérimentales, on observe l'apparition des signaux parasites qui viennent se superposer au signal utile. Dans le cas le plus courant ce bruit est à caractère aléatoire et se superpose au signal utile sous une forme essentiellement additive. Dans ce cas, ce bruit est modélisé par une variable aléatoire comme on l'a vu dans la section (3.3.5). Sur la figure (4.26a), le signal $[pk_{12}(-t)]$ bruité selon la procédure décrite précédemment est tracé (écart-type $\zeta = 30\%$). La robustesse de la technique de RT est vérifiée par la figure (4.26b) où on a tracé le signal focalisé sur le composant 2 à l'issue de l'émission des signaux

175

retournés $pk_{12}(-t)$ bruité par l'antenne 1 et $pk_{22}(-t)$ bruité par l'antenne 2. On note une nouvelle fois la robustesse de la technique de RT envers les bruits de mesure, ce qui est de bon augure pour une mise en œuvre expérimentale.

4.5.3 Autres exemples

Dans cette section, nous allons voir que, pour certains EST, on peut profiter de la cavité présente dans le système pour accéder à une focalisation par RT sans être dans un milieu réverbérant ou avoir une CRT entourant l'EST dans le cas d'espace libre.

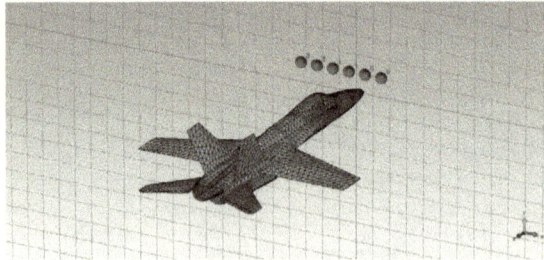

FIGURE 4.27 – Exemple d'un modèle d'avion générique avec le MRT utilisé.

L'exemple de la figure (4.27), présente un modèle d'avion modélisé avec le logiciel HYPERMESH Altair. La "carcasse" de l'avion (qui est vide de l'intérieur et formée de trois compartiments séparées par du PEC et du diélectrique) est simulée par du PEC, tandis que la porte du "cockpit" est en verre. Le signal d'excitation utilisé est le même que dans le cas de l'exemple précédent.

Le but est d'effectuer un test de susceptibilité rayonnée sur un composant à l'intérieur d'un compartiment de ce modèle (sans démonter le système, et sans endommager a priori d'autres composants) en l'agressant par un champ électromagnétique. Compte tenu de sa taille (longueur : 15 *m*, largeur : 12 *m*), il n'est pas envisageable, pour un grand nombre de moyens d'essais CEM, de réaliser un test "global", par exemple dans notre CRBM. Nous avons donc réalisé deux types d'essais. Le premier a consisté à agresser l'aéronef par une onde plane selon la direction de la cabine de pilotage. La figure (4.28) présente la forme du signal reçu par ce composant ainsi qu'un plan de coupe correspondant à la cartographie du maximum du champ électrique total reçu. On remarque, comme prévu, que le champ électromagnétique pénètre largement dans la cabine et s'y concentre majoritairement (cavité), ce qui peut provoquer dans certain cas le problème déjà expliqué dans la section (2.4.2) et résolu par la focalisation sélective dans la section (4.5.2).

La deuxième procédure envisagée consiste à appliquer le processus de RT. En outre, ne pouvant pas mener de tests de focalisation sélective en CRBM, l'idée directrice a été de bénéficier du comportement réverbérant de la cavité à l'intérieur de l'aéronef. En effet, la forme de la réponse impulsionnelle reçue par le composant cible (Fig. 4.28a) montre que cette dernière s'étale pour une durée de 0.7 μs (30 fois la durée du signal d'excitation).

Pour cet exemple, nous avons utilisé un MRT composé de six antennes demi-ondes (Fig. 4.27). La figure (4.29) présente la cartographie du maximum du champ électrique total reçu. Contrairement au cas précédent, on note la concentration de l'énergie autour du composant cible. Ce qui prouve très bien que, dans certains cas, l'EST peut jouer le rôle de cavité réverbérante pour enrichir la quantité d'informations disponible dans les signaux à retourner durant le processus de RT.

Dans cet exemple le MRT était en dehors de l'EST, mais il peut être évidemment à l'intérieur de ce dernier. Ainsi nous avons proposé d'effectuer un autre exemple de focalisation sélective, cette fois sur un modèle

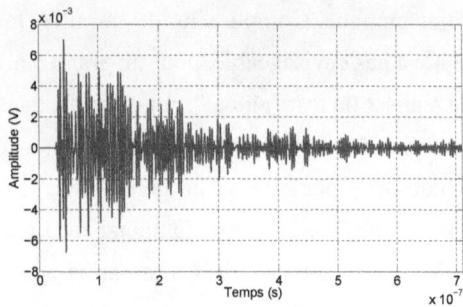

(a)

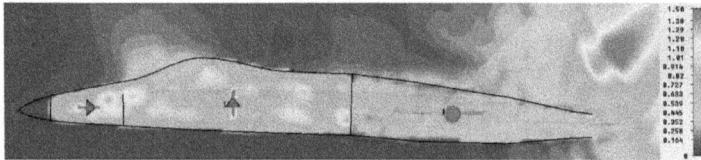

(b)

FIGURE 4.28 – (a) Signal reçu par le composant cible. (b) Cartographie du maximum du champ électrique total.

générique de voiture. Ce dernier est simulé par du PEC, dont l'intérieur est vide et composé de plusieurs compartiments séparées par des plaques métalliques, mais tout en laissant passer le champ électromagnétique entre les différentes parties. Les dipôles du MRT sont dans la section arrière du modèle. La focalisation va avoir lieu en deux endroits différents dans le com-

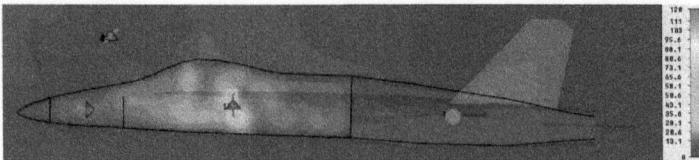

FIGURE 4.29 – Cartographie du champ électrique total correspondant au maximum de la focalisation par RT

178

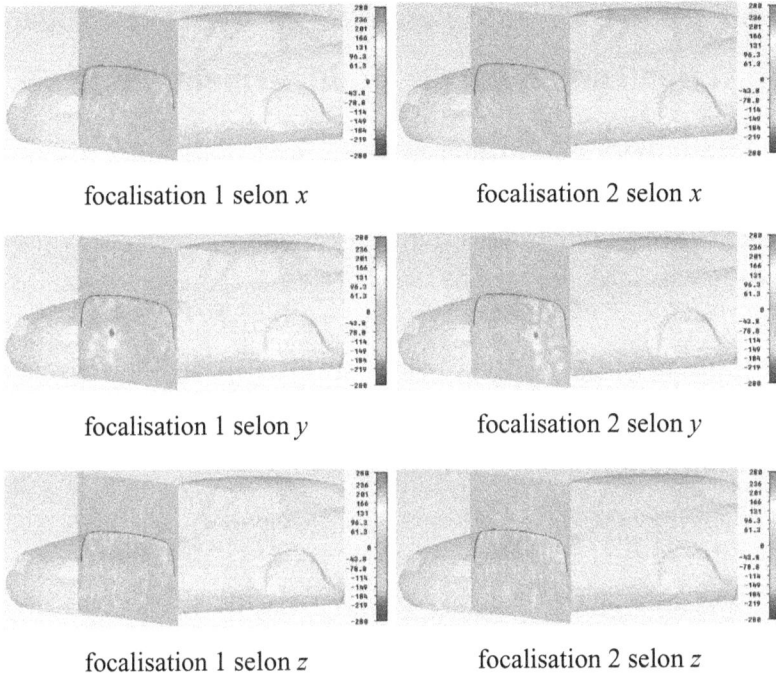

focalisation 1 selon x focalisation 2 selon x

focalisation 1 selon y focalisation 2 selon y

focalisation 1 selon z focalisation 2 selon z

FIGURE 4.30 – Exemples de focalisations sélectives en différentes positions. Cartographie du maximum du champ électrique selon x, y, et z.

partiment avant de la voiture selon la composante cartésienne y du champ électrique. Les cartographies du maximum du champ électrique sont présentées sur la figure (4.30) pour les trois polarisations cartésiennes. Il apparaît nettement que la focalisation a eu lieu selon la composante y (comme désiré) tout en choisissant précisément l'endroit de la focalisation.

Dans cette section des tests de susceptibilité impulsive par RT sont effectués. Dans la suite, le gain obtenu par la focalisation pulsée via le processus de RT par rapport à l'utilisation classique de la CRBM est étudié.

4.6 Gains attendus en CRBM via son utilisation classique et le retournement temporel

Durant les tests CEM effectués dans la CRBM, on utilise générale-ment des signaux de type sinusoïdes qui conduisent à une distribution uni-forme du champ électromagnétique dans le VU de la chambre. En termes d'énergie, et du point de vue de l'agression de l'EST, seule une partie de cette énergie va interagir avec ce dernier. En revanche l'application de la technique de RT permet de concentrer l'énergie à l'instant de focalisation spatio-temporelle sur l'EST, ce qui augmente la valeur du pic de l'impul-sion en champ.

Il serait intéressant de connaître le gain apporté par la technique de RT par rapport à l'utilisation classique de la CRBM, des travaux dans ce domaine ont été menés dans [51]. Afin de pouvoir faire une comparaison entre le pic de focalisation obtenu par RT à l'instant de focalisation $t = 0$ et le niveau de champ obtenu dans une mesure en CRBM, il est nécessaire de normaliser la puissance instantanée associée par rapport à l'énergie in-jectée (ε) qu'il est nécessaire d'appliquer pour obtenir ce niveau de champ.

En effet, pour un signal continu $x(t)$ à énergie finie, la puissance ins-tantanée est $|x(t)|^2$. Adapté à un signal discret la puissance instantanée à l'instant $t = i.dt$ est : $|x_i|^2$. Par définition, l'énergie totale étant la somme de toute les puissances instantanées. Pour un signal discret elle s'écrit :

$$\varepsilon = \sum_{i=0}^{T} |x_i|^2 \qquad (4.10)$$

avec T la durée du signal, ce dernier est dit à énergie finie si la série de l'équation (4.10) converge.

Pour le cas du RT, la durée nécessaire du signal injecté durant la deuxième phase, afin d'obtenir un comportement optimum du rapport SSB, a été étu-

diée dans la section (3.3.2). La forme de ce signal est donnée par la figure
(4.31).

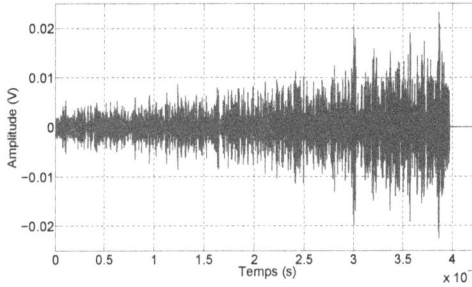

FIGURE 4.31 – Signal injecté durant la deuxième phase par la technique du
RT.

Le pic de focalisation obtenu, après l'émission de ce signal, est donné
par l'équation (2.8). On définit l'efficacité de génération du pic du champ
(η_{RT}) par :

$$\eta_{RT} = \frac{\max_{t \in \tau_u}(|E_{RT}(R_0, t)|)^2}{\varepsilon_{RT}} \qquad (4.11)$$

Pour le cas CRBM, la forme du signal injecté est donnée par la figure
(4.32). Pour atteindre le régime permanent dans la CRBM, il nous faut un
signal de durée T égale à $(3Q)/(2\pi f)$.

Donc pour calculer ce temps T, nous avons besoin de connaître le facteur de qualité de notre CRBM à la fréquence f_c. Il peut être calculé théoriquement à partir des données expérimentales par la formule suivante [18] :

$$Q_{exp} = \frac{16.\pi^2.a.b.d}{\eta_T.\eta_R.\lambda^3} \cdot \frac{\langle P_r \rangle}{\langle P_i \rangle} \qquad (4.12)$$

où a, b et d correspondent respectivement à la longueur, largeur et la hau-
teur de la CRBM. P_i, P_r, η_T et η_R representent respectivement la puissance

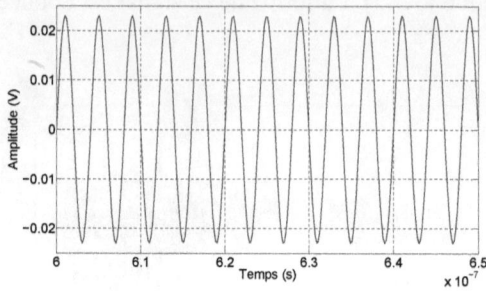

FIGURE 4.32 – Zoom sur une excitation de type harmonique.

moyenne injectée dans la cavité, la puissance moyenne recue par l'antenne de réception, les facteurs d'efficacité des antennes de transmission et de réception. Malheureusement, dans notre cas, nous ne connaissons pas les facteur η_T et η_R; c'est pourquoi nous allons évaluer le facteur de qualité numériquement à partir de l'équation (1.33).

Ainsi, sur la figure (4.33), la courbe de résonance obtenue après l'émission du signal de la figure (4.32) à la fréquence centrale $f = 250\ MHz$ est tracée.

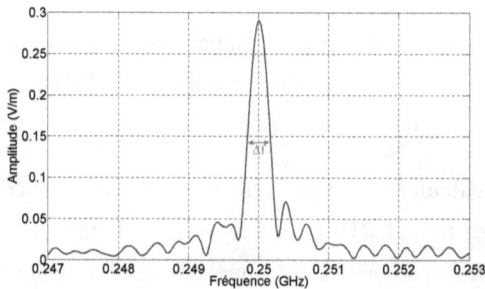

FIGURE 4.33 – Largeur de bande déduite du spectre du signal reçu.

Après l'estimation de la largeur de bande Δf, le facteur de qualité est calculé ($Q = 800$) et la durée nécessaire du signal pour atteindre le régime permanent est obtenue. Des mesures expérimentales menées dans la CRBM du LASMEA ont donné, pour une fréquence $f = 250\ MHz$, une valeur du facteur de qualité égale à 1500. En effet, les mesures expérimentales ont été effectuées dans une CRBM vide, tandis que, dans notre exemple numérique, l'EST, le support (table en bois) et les antennes du MRT connectées à des impédances de 50 Ω sont présents. Ces éléments peuvent expliquer l'obtention d'un facteur de qualité plus petit dans notre exemple numérique. Ainsi, l'énergie du signal injecté et la valeur maximale (pic) du champ obtenu sont évaluées. Finalement, l'efficacité de génération du pic du champ en CRBM est déterminée et sa valeur est comparée à celle du cas du RT.

Numériquement, nous obtenons un gain G égal à 158 de la technique de RT par rapport à l'utilisation classique d'une CRBM. Cette valeur est obtenue pour le cas d'une seule antenne d'excitation. Le gain sur la moyenne de l'efficacité de conversion de l'énergie injectée dans la chambre en un pic de puissance instantané a été exprimé théoriquement dans [76] et donné par la formule suivante :

$$G = \frac{\Delta \Omega Q}{\pi f_c} \qquad (4.13)$$

Ce calcul théorique a été étendue dans [51] pour le cas multi-antennes d'excitation et le gain total dans ce cas est donné par :

$$G_{total} = nc.G \qquad (4.14)$$

où nc est le nombre d'antennes d'excitation.

Compte tenu des tests réalisés, on constate combien l'application de la technique de RT peut améliorer le "gain" en puissance par rapport à l'utilisation standard des CRBM.

Dans ce chapitre des applications à des études CEM en CRBM sont effectuées. Une étude sur le RT électromagnétique dans la CRBM du LAS-MEA a permis de dimensionner (à notre fréquence d'étude) le temps de simulation ainsi que le nombre d'antennes nécessaire pour appliquer le processus de RT. Ensuite, une analyse sur le changement de milieu entre les deux phases de RT et l'influence de la géométrie de la cavité ont permis de vérifier l'importance de la stationnarité du milieu, et de l'asymétrie de la géométrie. Une caractérisation du brasseur de modes par le calcul de sa TSCS a été menée. Enfin, nous avons présenté la contribution originale de la focalisation sélective. Cette dernière permet d'effectuer des tests de susceptibilité rayonnée tout en respectant les contraintes imposées par un EST, et d'apporter un gain considérable par rapport à l'utilisation classique d'une CRBM.

Conclusion

Les travaux présentés dans ce livre ont permis de modéliser numériquement des procédures originales de test en compatibilité électromagnétique
(CEM) impulsionnelle, ceci essentiellement pour des études en chambre
réverbérante à brassage de modes (CRBM). L'idée essentielle suivie au
cours de cette étude a été d'améliorer et diversifier les moyens d'investigation temporelle en CRBM.

Ainsi, nous avons proposé d'introduire le processus de retournement
temporel (RT) afin de fournir une nouvelle méthode pour effectuer des tests
de susceptibilité rayonnée et d'augmenter les niveaux d'amplitude réalisables en CRBM. En outre, une autre proposition concernant une technique
temporelle va nous servir à caractériser les équipements sous test (EST) en
chambre réverbérante.

Nous nous sommes intéressés dans un premier temps à l'étude de deux
moyens d'essai CEM, à savoir les chambres anéchoïque (CA) et réverbérantes (CR). Les CR présentent la capacité de fournir un domaine de test
dans lequel le champ électromagnétique est statistiquement homogène et
isotrope, mais contrairement aux CA, les caractéristiques de l'impulsion
agressant l'équipement sous test ne seront plus a priori connues. L'idée suivie dans cette étude consiste à bénéficier des avantages de ces deux moyens
d'essais complémentaires afin de réaliser des tests de susceptibilité rayonnée en impulsionnel. À cette fin, la technique de RT a été appliquée. Cette
dernière permet d'obtenir une focalisation spatio-temporelle du champ, en

d'autre terme elle offre la possibilité de focaliser le champ électrique en n'importe quel endroit et à des instants de focalisation qui peuvent être définis à l'avance. Récemment appliquée aux ondes électromagnétiques, l'utilisation du RT dans le domaine de la CEM s'est imposée naturellement. En effet, le procédé de RT dans un milieu aussi complexe (réflexions multiples) que celui des CR permet d'optimiser le processus en limitant le nombre de capteurs (antennes) nécessaires ou le temps de simulation notamment. Faisant suite à la présentation des principes théoriques et à l'état de l'art en matière de RT électromagnétique, les premières simulations ont permis de vérifier combien l'application du processus de RT en CR améliore la qualité de la focalisation, tant spatialement qu'au niveau du rapport signal sur bruit (SSB). Nous avons pu vérifier la stabilisation de ce dernier après une durée finie, appelée temps d'Heisenberg. Nous avons également vérifié qu'il est inutile d'augmenter le nombre d'antennes du miroir à retournement temporel (MRT). Compte tenu des configurations, un nombre donné entraîne aussi une stabilisation de la qualité de focalisation (à travers le rapport SSB). Une explication a été proposée concernant ce "double" effet de saturation. Enfin, la robustesse vis à vis des bruits de mesure a été validée et l'importance de la stationnarité du milieu entre les deux phases de RT a été soulignée. Il a ainsi été évoqué la possibilité de mener des tests CEM conjointement avec l'application du RT pour un mode de fonctionnement "pas à pas" du brasseur de modes, tout en laissant ouverte la possibilité d'effectuer des expériences en rotation "continue".

L'application du RT en CRBM a permis d'obtenir un gain en amplitude du champ par rapport à la puissance injectée. Nous avons poussé notre étude sur le RT pour évoquer un autre point important pour des études CEM en CRBM concernant la caractérisation des équipements présents dans cette dernière (brasseur, EST). S'appuyant sur les principes du RT, dans un deuxième temps, une caractérisation des EST pouvant être rencontrés dans des études CEM a été menée à partir de l'opérateur dit "de retournement temporel". Compte tenu des limitations du précédent modèle (position du MRT par rapport à l'EST, connaissance des paramètres du milieu de propagation), le post-traitement fréquentiel a été écarté au profit d'une caractérisation via un processus temporel et le calcul de la section efficace de diffraction (SCS en anglais). En CRBM, la connaissance des intensités d'absorption ou de diffraction des différents équipements présents (à savoir les antennes, les sondes de mesure, l'EST, le brasseur de modes) présente un grand interêt. Historiquement, le calcul de la SCS a été mené en espace libre pour un objet situé en champ lointain relativement à la fréquence de la stimulation. Un grand nombre d'ondes planes (nombreuses incidences et polarisations) est par définition nécessaire pour effectuer le calcul de la section efficace totale de diffraction (TSCS en anglais). Naturellement, une telle expérience nécessite un temps conséquent ; l'expérimentation (numérique ou expérimentale) peut même devenir inenvisageable dans le cas où l'EST présente une géométrie asymétrique et complexe (par exemple la géométrie d'un brasseur de modes "classique" en CRBM). Nous nous sommes donc tournés vers une technique développée en acoustique pour effectuer ce calcul électromagnétiquement en CR. En effet, la diffusion du champ dans la CR ainsi que différents arrangements de sources, capteurs et positions de l'EST permettent de calculer la TSCS d'une grande variété d'objets pour des temps raisonnables. Plusieurs simulations numériques ont permis de vérifier l'éfficacité, la précision de cette technique ainsi que son indépendance relativement aux pertes intrinsèques à la CR et à la géométrie de cette dernière.

Les études paramétriques et préliminaires effectuées nous ont permis de mener plusieurs applications CEM en CRBM à l'aide du logiciel CST MICROWAVE STUDIO®. En effet, la comparaison des caractéristiques du brasseur de modes de la CRBM du LASMEA avec d'autres formes de diffuseurs a été effectuée à travers le calcul de la TSCS en CR. Cette caractérisation menée dans le domaine temporel est confrontée à une classification effectuée par des tests normatifs CEM. Suite à cette "qualification" des brasseurs, afin d'enrichir les capacités offertes par les CRBM en susceptibilité rayonnée, une méthode originale pour effectuer une focalisation sélective pulsée a été présentée. Nous avons vérifié comment, par le processus de RT, la mise en œuvre d'une focalisation sélective permet d'illuminer pour un niveau de champ souhaité et pour une durée donnée une partie de l'équipement (un composant par exemple) tout en garantissant un niveau d'agression plus faible sur le reste du système (bruit). Dans ce cadre, l'application de cette technique a presenté un gain considérable par rapport à l'utilisation standard des CRBM. En outre, nous avons pu souligner que, pour certains EST, l'utilisation de cavités présentes dans le système permettent également d'accéder à une focalisation séléctive pour des tests de susceptibilité rayonnée.

Les travaux présentés dans ce livre concernent des études numériques et théoriques. Ainsi, une première perspective de ces travaux serait de mener des campagnes de mesures expérimentales dans la CRBM du LASMEA. En effet, il serait intéressant de confronter simulations numériques et mesures expérimentales. En ce qui concerne le RT, une des difficultés majeures pouvant être rencontrée consiste à récupérer les signaux nécessaires pour l'injection durant la deuxième phase. Naturellement, d'autres problèmes peuvent exister concernant la technologie des appareils et des composants qui vont servir à mettre en œuvre ce processus. Du point de vue expérimental, les besoins actuels en susceptibilité rayonnées de nombreuses applications en bio-électromagnétisme (électroporation notamment) laisse entrevoir un intérêt majeur de l'utilisation du RT. En effet, le contrôle des champs électromagnétiques (polarisation, forme, niveaux, périodisation) via le RT et illustré dans ces travaux en CEM pourrait être utilisé en bio-CEM.

Comme évoqué précédemment, la nécessité de minimiser les modifications pouvant intervenir entre les deux étapes du RT constitue un enjeu majeur. Ainsi, des études sont actuellement en cours afin de prendre en compte ce problème d'instationnarité des conditions aux limites. Dans ce cadre, l'apport de techniques stochastiques visant à intégrer des modèles non-déterministes dans des traitements a priori déterministes pourrait se révéler crucial.

Les traitements envisageables à travers le calcul de la TSCS paraissent prometteurs dans le domaine des CRBM et demandent à être enrichis expérimentalement en confrontant des résultats provenant de différents brasseurs ou EST.

Annexes

Annexe A

Équations de Maxwell discrétisées en FDTD

A.1 Équations de Maxwell discrétisées dans un domaine $3D$

Soit dx, dy et dz respectivement les pas spatiaux selon les directions cartésiennes (Ox), (Oy) et (Oz), donc chaque maille sera indexée par un triplet $(i, j, k) \in \mathbb{N}^3$, en revanche dt correspond au pas temporel, qui suit un critère de stabilité comme on va voir plus tard dans cette partie, et il sera indexé par le terme n. Donc chaque fonction de l'espace et du temps (ici les champs E et H) sera représenté par $F^n(i, j, k)$ qui traduit l'application de F au point $(i.dx, j.dy, k.dz)$ et à l'instant $n.dt$ avec $n \in \mathbb{N}$.

En se basant sur le développement de Taylor [77], si une fonction F définie sur $\mathbb{R}$, continue et dérivable au voisinage du point x_0, son développement en série de Taylor aux points $x_0 + \frac{dx}{2}$ et $x_0 - \frac{dx}{2}$ s'écrit :

$$F(x_0 + \frac{dx}{2}) = F(x_0) + \frac{dx}{2}\frac{F'(x_0)}{1!} + \left(\frac{dx}{2}\right)^2 \frac{F''(x_0)}{2!} + \dots \qquad \text{(A.1)}$$

$$F(x_0 - \frac{dx}{2}) = F(x_0) - \frac{dx}{2}\frac{F'(x_0)}{1!} + \left(\frac{dx}{2}\right)^2 \frac{F''(x_0)}{2!} - \dots \qquad \text{(A.2)}$$

En effectuant la soustraction des équations (A.1) et (A.2), on obtient la dérivée première par les approximations par différences finies centrées ci-dessous :

$$F'(x_0) = \frac{F(x_0 + \frac{dx}{2}) - F(x_0 - \frac{dx}{2})}{dx} + O(dx^2) \qquad \text{(A.3)}$$

où $O(dx^2)$ est l'erreur du second ordre commise sur l'évaluation de la dérivée.

Suivant le même raisonnement la dérivée par rapport au temps et à l'espace sont données par les formules suivantes :

$$\frac{\partial F^n(i,j,k)}{\partial t} = \frac{F^{n+\frac{1}{2}}(i,j,k) - F^{n-\frac{1}{2}}(i,j,k)}{dt} + O(dt^2) \qquad \text{(A.4)}$$

$$\frac{\partial F^n(i,j,k)}{\partial x} = \frac{F^n(i+\frac{1}{2},j,k) - F^n(i-\frac{1}{2},j,k)}{dx} + O(dx^2) \qquad \text{(A.5)}$$

À partir des équations de Maxwell projetées dans un système de coordonnées cartésiennes (1.15, 1.16, 1.17, 1.18, 1.19, 1.20), on peut écrire ces dernières sous la forme discrétisée suivante :

$$H_x^{n+\frac{1}{2}}\left(i,j+\frac{1}{2},k+\frac{1}{2}\right) = H_x^{n-\frac{1}{2}}\left(i,j+\frac{1}{2},k+\frac{1}{1}\right) + \frac{dt}{\mu} \times$$
$$\left[\frac{E_y^n\left((i,j+\frac{1}{2},k+1)\right) - E_y^n\left(i,j+\frac{1}{2},k\right)}{dz} - \frac{E_z^n\left(i,j+1,k+\frac{1}{2}\right) - E_z^n\left(i,j,k+\frac{1}{2}\right)}{dy}\right] \qquad \text{(A.6)}$$

$$H_y^{n+\frac{1}{2}}\left(i,j+\frac{1}{2},k+\frac{1}{2}\right) = H_y^{n-\frac{1}{2}}\left(i,j+\frac{1}{2},k+\frac{1}{2}\right) + \frac{dt}{\mu} \times$$
$$\left[\frac{E_z^n\left(i+\frac{1}{2},j+\frac{1}{2},k+\frac{1}{2}\right) - E_z^n\left(i-\frac{1}{2},j+\frac{1}{2},k+\frac{1}{2}\right)}{dx} - \frac{E_x^n\left(i,j+\frac{1}{2},k+1\right) - E_x^n\left(i,j+\frac{1}{2},k\right)}{dz}\right]$$
$$\text{(A.7)}$$

$$H_z^{n+\frac{1}{2}}\left(i,j+\frac{1}{2},k+\frac{1}{2}\right) = H_z^{n-\frac{1}{2}}\left(i,j+\frac{1}{2},k+\frac{1}{2}\right) + \frac{dt}{\mu}\times$$

$$\left[\frac{E_x^n\left(i,j+1,k+\frac{1}{2}\right) - E_x^n\left(i,j,k+\frac{1}{2}\right)}{dy} - \frac{E_y^n\left(i+\frac{1}{2},j+\frac{1}{2},k+\frac{1}{2}\right) - E_y^n\left(i-\frac{1}{2},j+\frac{1}{2},k+\frac{1}{2}\right)}{dx}\right]$$

(A.8)

$$E_x^{n+1}\left(i+\frac{1}{2},j,k\right) =$$

$$\frac{2\epsilon\left(i+\frac{1}{2},j,k\right) - \sigma\left(i+\frac{1}{2},j,k\right)dt}{2\epsilon\left(i+\frac{1}{2},j,k\right) + \sigma\left(i+\frac{1}{2},j,k\right)dt}\times E_x^n\left(i+\frac{1}{2},j,k\right) + \frac{2dt}{2\epsilon\left(i+\frac{1}{2},j,k\right) + \sigma\left(i+\frac{1}{2},j,k\right)dt}\times$$

$$\left[\frac{H_z^{n+\frac{1}{2}}\left(i+\frac{1}{2},j+\frac{1}{2},k\right) - H_z^{n+\frac{1}{2}}\left(i+\frac{1}{2},j-\frac{1}{2},k\right)}{dy} - \frac{H_y^{n+\frac{1}{2}}\left(i+\frac{1}{2},j,k+\frac{1}{2}\right) - H_y^{n+\frac{1}{2}}\left(i+\frac{1}{2},j,k-\frac{1}{2}\right)}{dz}\right]$$

(A.9)

$$E_y^{n+1}\left(i+\frac{1}{2},j,k\right) =$$

$$\frac{2\epsilon\left(i+\frac{1}{2},j,k\right) - \sigma\left(i+\frac{1}{2},j,k\right)dt}{2\epsilon\left(i+\frac{1}{2},j,k\right) + \sigma\left(i+\frac{1}{2},j,k\right)dt}\times E_y^n\left(i+\frac{1}{2},j,k\right) + \frac{2dt}{2\epsilon\left(i+\frac{1}{2},j,k\right) + \sigma\left(i+\frac{1}{2},j,k\right)dt}\times$$

$$\left[\frac{H_x^{n+\frac{1}{2}}\left(i+\frac{1}{2},j,k+\frac{1}{2}\right) - H_x^{n+\frac{1}{2}}\left(i+\frac{1}{2},j,k-\frac{1}{2}\right)}{dz} - \frac{H_z^{n+\frac{1}{2}}\left(i+1,j,k\right) - H_z^{n+\frac{1}{2}}\left(i,j,k\right)}{dx}\right]$$

(A.10)

$$E_z^{n+1}\left(i+\frac{1}{2},j,k\right) =$$

$$\frac{2\epsilon\left(i+\frac{1}{2},j,k\right) - \sigma\left(i+\frac{1}{2},j,k\right)dt}{2\epsilon\left(i+\frac{1}{2},j,k\right) + \sigma\left(i+\frac{1}{2},j,k\right)dt}\times E_z^n\left(i+\frac{1}{2},j,k\right) + \frac{2dt}{2\epsilon\left(i+\frac{1}{2},j,k\right) + \sigma\left(i+\frac{1}{2},j,k\right)dt}\times$$

$$\left[\frac{H_y^{n+\frac{1}{2}}\left(i+1,j,k\right) - H_y^{n+\frac{1}{2}}\left(i,j,k\right)}{dx} - \frac{H_x^{n+\frac{1}{2}}\left(i+\frac{1}{2},j+\frac{1}{2},k\right) - H_x^{n+\frac{1}{2}}\left(i+\frac{1}{2},j-\frac{1}{2},k\right)}{dy}\right]$$

(A.11)

A.2 Équations de Maxwell discrétisées dans un domaine $2D$

Au cours de ces travaux, beaucoup de simulations numériques ont été effectuées dans un domaine à deux dimensions ($2D$, mode Transverse Magnétique : TM), dans ce cas on considère seulement les composantes E_z, H_x et H_y du champ électromagnétique. Ces composantes sont positionnées sur la cellule élémentaire de Yee comme le montre la figure suivante (Fig. A.1).

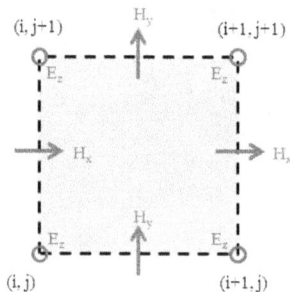

FIGURE A.1 – Cellule élémentaire représentant les champs E et H en coordonnées cartésiennes dans le cas d'un domaine à deux dimensions, mode TM.

Ainsi les équations vectorielles de Maxwell, correspondantes au mode TM, projetées dans un système de coordonnées cartésiennes sont données de la manière suivante :

$$\frac{\partial E_z}{\partial t} = \frac{1}{\epsilon}\left(\frac{\partial H_y}{\partial x} - \frac{\partial H_x}{\partial y} - \sigma E_z\right) \qquad (A.12)$$

$$\frac{\partial H_x}{\partial t} = -\frac{1}{\mu}\frac{\partial E_z}{\partial y} \qquad (A.13)$$

$$\frac{\partial H_y}{\partial t} = \frac{1}{\mu}\frac{\partial E_z}{\partial x} \qquad (A.14)$$

Ceci conduit, aux expressions discrétisées suivantes pour E_z, H_x et H_y :

$$E_z^{n+\frac{1}{2}}\left(i+\frac{1}{2},j+\frac{1}{2}\right) =$$

$$\frac{2\epsilon\left(i+\frac{1}{2},j+\frac{1}{2}\right)-\sigma\left(i+\frac{1}{2},j+\frac{1}{2}\right)dt}{2\epsilon\left(i+\frac{1}{2},j+\frac{1}{2}\right)+\sigma\left(i+\frac{1}{2},j+\frac{1}{2}\right)dt} \times E_z^{n-\frac{1}{2}}\left(i+\frac{1}{2},j+\frac{1}{2}\right) + \frac{2dt}{2\epsilon\left(i+\frac{1}{2},j+\frac{1}{2}\right)+\sigma\left(i+\frac{1}{2},j+\frac{1}{2}\right)dt}$$

$$\left[\frac{H_y^n\left(i+1,j+\frac{1}{2}\right)-H_y^n\left(i,j+\frac{1}{2}\right)}{dx} - \frac{H_x^n\left(i+\frac{1}{2},j+1\right)-H_x^n\left(i+\frac{1}{2},j\right)}{dy}\right]$$

$$\text{(A.15)}$$

$$H_x^{n+1}\left(i+\frac{1}{2},j\right) = H_x^n\left(i+\frac{1}{2},j\right)$$

$$-\frac{dt}{\mu}\left[\frac{E_z^{n+\frac{1}{2}}\left(i+\frac{1}{2},j+\frac{1}{2}\right)-E_z^{n+\frac{1}{2}}\left(i+\frac{1}{2},j-\frac{1}{2}\right)}{dy}\right] \qquad \text{(A.16)}$$

$$H_y^{n+1}\left(i,j+\frac{1}{2}\right) = H_y^n\left(i,j+\frac{1}{2}\right)$$

$$+\frac{dt}{\mu}\left[\frac{E_z^{n+\frac{1}{2}}\left(i+\frac{1}{2},j+\frac{1}{2}\right)-E_z^{n+\frac{1}{2}}\left(i-\frac{1}{2},j+\frac{1}{2}\right)}{dx}\right] \qquad \text{(A.17)}$$

De plus la condition de stabilité sera donnée par :

$$dt \leq dt_{max} = \frac{1}{\upsilon\sqrt{\frac{1}{dx^2}+\frac{1}{dy^2}}} \qquad \text{(A.18)}$$

Annexe B

Génération d'ondes planes en FDTD

Afin de simuler une onde plane par la méthode FDTD, considérons par exemple un problème à deux dimensions (mode TM), le Domaine de Calcul (DC) sera divisée en deux régions, une région qui correspond au champ total et l'autre au champ diffracté séparée par une surface dite fictive, où la figure (Fig. B.1) illustre la manière dont cela est accompli.

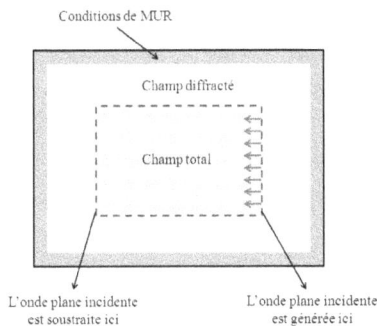

FIGURE B.1 – Génération d'une onde plane dans un domaine à deux dimensions.

Généralement, deux raisons principales motivent ce choix :

- La propagation de l'onde plane ne devrait pas interagir avec les conditions aux limites absorbantes.
- Les conditions aux limites ne sont pas parfaites, c'est à dire, une certaine partie de l'onde incidente se réfléchit dans le domaine de calcul.
En soustrayant le champ incident, le niveau du champ qui frappe les
conditions aux limites est minimisé, réduisant ainsi la quantité d'er-
reurs.

Comme illustré sur la figure (B.2), dans le domaine de calcul chaque
point de l'espace est soit dans la zone champ total soit dans la zone champ
diffracté : aucun point ne se trouve sur la frontière de la surface fictive. La
surface fictive permet d'effectuer les modifications nécessaires pour générer l'onde plane.

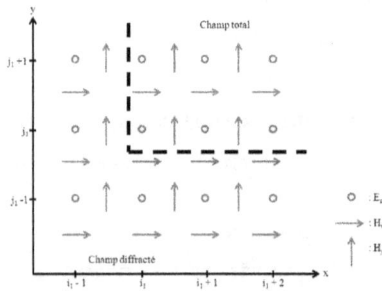

FIGURE B.2 – La surface fictive utilisée pour générer une onde plane dans
un domaine à deux dimensions.

Il y a quatre endroits où les valeurs des champs doivent être modifiées
(voir Fig. B.2) :

- Le champ H_x juste à l'extérieur de $y = j_1$ et $y = j_2$ avec j_1 et j_2
correspondent aux ordonnés de la limite de la surface fictive suivant

l'axe des y, et pour i allant de i_1 jusqu'à i_2 avec i_1 et i_2 correspondent aux abscisses de la limite de la surface fictive suivant l'axe des x :

$$H_x\left(i, j_1 - \frac{1}{2}\right) = H_x\left(i, j_1 - \frac{1}{2}\right) + \left(\frac{dt}{\mu_0.dy}\right) E_{z\_inc} \qquad (B.1)$$

$$H_x\left(i, j_2 + \frac{1}{2}\right) = H_x\left(i, j_2 + \frac{1}{2}\right) - \left(\frac{dt}{\mu_0.dy}\right) E_{z\_inc} \qquad (B.2)$$

où E_{z_inc} correspond au champ électrique incident.

– Le champ H_y juste à l'extérieur de $i = i_1$ et $i = i_2$:

$$H_y\left(i_1 - \frac{1}{2}, j\right) = H_y\left(i_1 - \frac{1}{2}, j\right) - \left(\frac{dt}{\mu_0.dx}\right) E_{z\_inc} \qquad (B.3)$$

$$H_y\left(i_2 + \frac{1}{2}, j\right) = H_y\left(i_2 + \frac{1}{2}, j\right) + \left(\frac{dt}{\mu_0.dx}\right) E_{z\_inc} \qquad (B.4)$$

– Le champ E_z en $i = i_1$ et $i = i_2$, avec j allant de j_1 jusqu'à j_2 :

$$E_z(i_1, j) = E_z(i_1, j) - \left(\frac{dt}{\epsilon_0.dx}\right) H_{y\_inc} \qquad (B.5)$$

$$E_z(i_1, j) = E_z(i_1, j) + \left(\frac{dt}{\epsilon_0.dx}\right) H_{y\_inc} \qquad (B.6)$$

où H_{y_inc} correspond à la composante H_y du champ magnétique incident.

– Le champ E_z en $j = j_1$ et $j = j_2$, avec i allant de i_1 jusqu'à i_2 :

$$E_z(i, j_1) = E_z(i, j_1) + \left(\frac{dt}{\epsilon_0.dy}\right) H_{x\_inc} \qquad (B.7)$$

$$E_z(i, j_2) = E_z(i, j_2) - \left(\frac{dt}{\epsilon_0.dy}\right) H_{x\_inc} \qquad (B.8)$$

où H_{x_inc} correspond à la composante H_x du champ magnétique incident.

Bibliographie

[1] **Directive 89/336/CEE**
Guide d'application de la Directive 89/336/CEE du Conseil du 3 mai 1989 concernant le rapprochement des législations des États membres relatives à la compatibilité électromagnétique, URL : http ://cmrt.centrale-marseille.fr/electromagnetisme/veille/guide_89_336.pdf

[2] **P. Bonnet, S. Lalléchère, F. Diouf, F. Paladian**
Modélisations numériques de chambres réverbérantes, 6th European Conference on Numerical Methods in Electromagnetism, Belgique, 2008.

[3] **S. Lalléchère, P. Bonnet, S. Girard, F. Diouf, F. Paladian**
Contribution aux schémas volumes finis et hybrides DF/VF pour des modèles temporels de chambres réverbérantes, Revue Internationale de Génie Électrique, Vol. 11, No. 2-3, pp. 205-230, 2008.

[4] **S. Lalléchère, P. Bonnet, F. Paladian**
Improvement of time-domain modelling of a reverberation chamber, EMC Europe, Espagne, 2006.

[5] **S. Lalléchère, P. Bonnet, F. Paladian**
FDTD-FVTD comparisons in reverberation chamber, 18th Inter-

national Wroclaw Symposium and Exhibition on Electromagnetic Compatibility, Poland, 2006.

[6] **P. Bonnet, R. Vernet, S. Girard, F. Paladian**
FDTD modelling of reverberation chamber, Electronics Letters, Vol. 41, No. 20, pp. 1101-1102, 2005.

[7] **D. M. Sullivan**
Electromagnetic simulation using the FDTD method, Wiley-IEEE Press, 2000.

[8] **K. S. Yee**
Numerical solution of initial boundary value problems involving Maxwell's equations in isotropic media, IEEE Transactions on Antennas and Propagation, Vol. Ap-14, pp. 302-307, 1966.

[9] **A. Taflove, S. C. Hagness**
Computational electrodynamics : The Finite-Difference Time-Domain Method, Artech house Third Edition, 2000.

[10] **G. Mur**
Absorbing boundary conditions for the finite-difference approximation of the time domaine electromagnetic-field equations, IEEE Transactions on Electromagnetic Compatibility, Vol. EMC-23, No. 4, pp. 377-382, 1981.

[11] **D. W. Hess**
Introduction to RCS measurements, Loughborough Antennas and Propagation Conference, Royaume-Uni, 2008.

[12] **Computer Simulation Technology (CST)**
URL : http ://www.cst.com/Content/Products/DS/Overview.aspx

[13] **T. Weiland**
A discretization model for the solution of Maxwell's equations for six-component fields, Archiv fuer Elektronik und Uebertragungstechnik, Vol. 31, No. 3, pp. 116-120, 1977.

[14] **P. Corona, J. Ladbury, G. Latmiral**

Reverberation-chamber research - then and now : a review of early work and comparison with current understanding, IEEE Transactions on Electromagnetic Compatibility, Vol. 44, No. 1, pp. 87-94, 2002.

[15] **W. Emerson**

Electromagnetic wave absorbers and anechoic chambers through the years, IEEE Transactions on Antennas and Propagation, Vol. 21, No. 4, pp. 484-490, 1973.

[16] **Radio frequency susceptibility (radiated and conducted)**

RTCA/DO-160D environmental conditions and test procedures for airborne equipment, Draft 8, Section 20, 2000.

[17] **Electromagnetic compatibility measurements procedure for vehicle components - Part 27 : immunity to radiated electromagnetic fields - Reverberation method**

Standard SAE J1113/27, 2005.

[18] **R. Vernet**

Approches mixtes théorie/expérimentation pour la modélisation numérique de chambres réverbérantes à brassages de modes, Thèse de doctorat, Université Blaise Pascal - Clermont-Ferrand II, 2006.

[19] **S. Lalléchère**

Modélisations numériques temporelles des CRBM en compatibilité électromagnétique. Contribution aux schémas volumes finis, Thèse de doctorat, Université Blaise Pascal - Clermont-Ferrand II, 2006.

[20] **F. Diouf**

Application de méthodes probabilistes à l'analyse des couplages en Compatibilité Electromagnétique et contribution à la sûreté de fonctionnement de systèmes électroniques, Thèse de doctorat, Université Blaise Pascal - Clermont-Ferrand II, 2008.

[21] **F. Höeppe**
Analyse du comportement électromagnétique des chambres réver-bérantes à brassage de modes par l'utilisation de simulations nu-mériques, Thèse de doctorat, Université de Lille, 2001.

[22] **B. Démoulin**
Les Chambres Réverbérantes à Brassage de Modes - Principes et Applications, 9ème Colloque International sur la Compatibilité Électromagnétique, France, 1998.

[23] **Reverberation chamber test methods**
IEC draft 61000-4-21 electromagnetic compatibility (EMC) Part 4 : testing and measurement techniques, Section 21, 2000.

[24] **M. Fink**
Time reversal of ultrasonic fields - Part I : Basic principles, IEEE Transactions on Ultrasonics, Ferroelectrics, and Frequency Control, Vol. 39, No. 5, pp. 555-566, 1992.

[25] **C. Prada, M. Fink**
Eigenmodes of the time reversal operator : A solution to selective fo-cusing in multiple-target media, Wave Motion, Elsevier, Kidlington, Vol. 20, No. 2, pp. 151-163, 1994.

[26] **G. F. Edelmann**
An overview of time-reversal acoustic communications, Proceeding of TICA'05, 2005.

[27] **N. Quieffin**
Etude du rayonnement acoustique de structures solides : vers un système d'imagerie haute résolution, Thèse de doctorat, Université Paris VI - Pierre et Marie CURIE, 2004.

[28] **J. de Rosny, G. Lerosey, A. Tourin, M. Fink**
Time reversal of electromagnetic waves, Modeling and compu-tations in electromagnetics, Springer Berlin Heidelberg, Vol. 59, pp. 187-202, 2007.

[29] **G. Lerosey, J. de Rosny, A. Tourin, A. Derode, G. Montaldo, M. Fink**
Time reversal of electromagnetic waves, Physical Review Letters, Vol. 92, No. 19, 2004.

[30] **M. Neyrat, C. Guiffaut, A. Reineix**
Reverse time migration algorithm for detection of buried objects in time domain, IEEE Antennas and Propagation Society International Symposium, Etats-Unis, 2008.

[31] **N. Maaref, P. Millot, X. Ferrières**
Electromagnetic imaging method based on time reversal processing applied to through-the-wall target localization, Progress In Electromagnetics Research M, Vol. 1, pp. 59-67, 2008.

[32] **D. Liu, G. Kang, L. Li, Y. Chen, S. Vasudevan, W. Joines, Q. H. Liu, J. Krolik, L. Carin**
Electromagnetic time-reversal imaging of a target in a cluttered environment, IEEE Transactions on Antennas and Propagation, Vol. 53, No. 9, pp. 3058-3066, 2005.

[33] **M. Davy, J. de Rosny, M. Fink**
Focalisation et amplification d'ondes électromagnétiques par retournement temporel dans une chambre réverbérante, Journées scientifiques d'URSI, Propagation et Télédétection, France, 2009.

[34] **I. El Baba, S. Lalléchère, P. Bonnet**
Electromagnetic time-reversal for reverberation chamber applications using FDTD, International Conference on Advances in Computational Tools for Engineering Applications, pp. 157-162, Liban, 2009.

[35] **I. El Baba, L. Patier, S. Lalléchère, P. Bonnet**
Numerical contribution for time reversal process in reverberation chamber, IEEE Antennas and Propagation Society International Symposium, Canada, 2010.

[36] **K. Okamoto**

Fundamentals of Optical Waveguides Second Edition, Elsevier Inc., ISBN : 978-0-12-525096-2, 2006.

[37] **J. de Rosny, M. Fink**

Overcoming the diffraction limit in wave physics using a time-reversal mirror and a novel acoustic sink, Physical Review Letters, Vol. 89, No. 12, 2002.

[38] **J. de Rosny**

Milieux réverbérants et réversibilité, Thèse de doctorat, Université Paris VI - Pierre et Marie CURIE, 2000.

[39] **G. Lerosey**

Retournement temporel d'ondes électromagnétiques et application à la télécommunication en milieux complexes, Thèse de doctorat, Université Paris 7 - Denis Diderot, 2006.

[40] **J. D. Jackson**

Classical Electrodynamics Third Edition, John Wiley and Sons Inc, 1998.

[41] **A. Derode, A. Tourin, J. de Rosny, M. Tanter, S. Yon, M. Fink**

Taking advantage of multiple scattering to communicate with time-reversal antennas, Physical Review Letters, Vol. 90, No. 1, 2003.

[42] **M. Yavuz, F. Teixeira**

Full time-domain DORT for ultrawideband electromagnetic fields in dispersive, random inhomogeneous media, IEEE Transactions on Antennas and Propagations, Vol. 54, No. 8, pp. 2305-2315, 2006.

[43] **Y. Ziadé, M. Wong, J. Wiart**

Reverberation chamber and indoor measurements for time reversal application, IEEE Antennas and Propagation Society International Symposium, Etas-Unis, 2008.

[44] **R. Sorrentino, L. Roselli, P. Mezzanotte**

Time reversal in finite difference time domain method, IEEE Microwave and Guided Wave Letters, Vol. 3, No. 11, pp. 402-404, 1993.

[45] **M. Neyrat**

Contribution à l'étude de G.P.R. (Ground Penetrating Radar) multicapteurs. Méthodes directes et inverses en temporel, Thèse de doctorat, Université de Limoges, 2009.

[46] **A. Cozza, H. Moussa**

Enforcing deterinistic polarisation in a reverberationg environment, Electronics Letters, Vol. 45, No. 25, 2009.

[47] **H. Moussa, A. Cozza, M. Cauterman**

Directive wavefronts inside a time reversal electromagnetic chamber, IEEE International Symposium on Electromagnetic Compatibility, pp. 159-164, Etats-Unis, 2009.

[48] **M. Kosmas, C. M. Rappaport**

Time reversal with the FDTD method for microwave breast cancer detection, IEEE Transactions on Microwave Theory and Techniques, Vol. 53, No.7, 2005.

[49] **H. Moussa, A. Cozza, M. Cauterman**

A novel way of using reverberation chambers through time-reversal, ESA worhshop on Aerospace EMC, Italie, 2009.

[50] **A. E. H. Love**

The Integration of Equations of Propagation of Electric Waves, Phil Trans. Roy Soc. London, Ser. A, 197, pp. 1-45, 1901.

[51] **H. Moussa**

Etude théorique et expérimentale des techniques de retournement temporel : application à la caractérisation de composants et dispositifs dans une chambre réverbérante., Thèse de doctorat, Université Paris-sud 11, 2011.

[52] **D. Liu, S. Vasudevan, J. Krolik, G. Bal, L. Carin**
Electromagnetic Time-Reversal Source Localization in Changing Media : Experiment and Analysis, IEEE Transactions on Antennas and Propagations, Vol. 55, No. 2, pp. 344-354, 2007.

[53] **G. Micolau, M. Saillard, P. Borderies**
DORT Method as Applied to Ultrawideband Signals for Detection of Buried Objects, IEEE Transactions on Geoscience and Remote Sensing, Vol. 41, No. 8, 2003.

[54] **L. Desrumeaux**
Contribution à la conception de sources de rayonnement ULB appliquées à l'imagerie Radar et aux rayonnements forte puissance, Thèse de doctorat, Université de Limoges, 2011.

[55] **M. E. Yavuz, A. E. Fouda, F. L. Teixeira**
Target classification through time-reversal operator analysis using ultrawideband electromagnetic waves, EUCAP'11, 5th EUropean Conference on Antennas and Propagation, pp. 19-23, Rome, Italie, 2011.

[56] **J. I. Hong, C. S. Huh**
Optimization of stirrer with various parameters in reverberation chamber, Progress In Electromagnetics Research, Vol. 104, pp. 15-30, 2010.

[57] **J. M. Beste**
Reflectivity Measurements, Microwave Antenna Measurements, 3rd edition, J. S. Hollis, T. J. Lyon, and L. Clayton (eds.), Ch. 13, MI Technologies, Suwannee, GA, 2007.

[58] **G. Lerosey, J. de Rosny**
Scattering cross section measurement in reverberation chamber, IEEE Transactions on Electromagnetic Compatibility, Vol. 49, No. 2, pp. 280-284, 2007.

[59] **L. R. Arnaut**
Statistic of the Quality Factor of a Rectangular Reverberation Chamber, IEEE Transactions on Electromagnetic Compatibility, Vol. 45, No. 1, pp. 61-76, 2003.

[60] **U. Carlberg, P. S. Kildal, A. Wolfang, O. Sotoudeh**
Calculated and Measured Absorption Cross Section of Lossy Objects in Reverberation Chamber, IEEE Transactions on Electromagnetic Compatibility, Vol. 46, No. 2, pp. 146-154, 2004.

[61] **D. A. Demer, S. G. Conti, J. de Rosny, P. Roux**
Absolute measurements of total target strength from reverberation in a cavity, The Journal of the Acoustical Society of America, Vol. 113, No. 3, pp. 1387-1394, 2003.

[62] **D. A. Hill**
Plane wave integral representation for fields in reverberation chambers, IEEE Transactions on Electromagnetic Compatibility, Vol. 40, No. 3, pp. 209-217, 1998.

[63] **A. Ishimaru**
Wave propagation and Scattering in Random Media, New York Academic, Vol. 2, Ch. 14, pp. 253-294, 1978.

[64] **G. J. Freyer, M. G. Backstrom**
Comparison of anechoic and reverberation chamber coupling data as a function of directivity pattern, IEEE International Symposium on Electromagnetic Compatibility, Vol. 2, pp. 615-620, Etats-Unis, 2000.

[65] **G. J. Freyer, M. G. Backstrom**
Comparison of anechoic and reverberation chamber coupling data as a function of directivity pattern - Part II, IEEE International Symposium on Electromagnetic Compatibility, Vol. 1, pp. 286-291, Canada, 2001.

[66] **G. Gradoni, F. Moglie, A. P. Pastore, V. M. Primiani**

Numerical and experimental analysis of the field to enclosure coupling in reverberation chamber and comparison with anechoic chamber, IEEE Transactions on Electromagnetic Compatibility, Vol. 48, No. 1, pp. 203-211, 2006.

[67] **F. Moglie, A. P. Pastore**

FDTD analysis of plane wave superposition to simulate susceptibility tests in reverberation chambers, IEEE Transactions on Electromagnetic Compatibility, Vol. 48, No. 1, pp. 203-211, 2006.

[68] **B.H. Liu, D.C. Chang, M. T. Ma**

Eigenmodes and the composite quality factor of a reverberating chamber, National Bureau of Standards, USA, Technical Note, 1983.

[69] **M. E. Yavuz, F. L. Teixeira**

A numerical study of time-reversed UWB electromagnetic waves in continuous random media, IEEE Transactions on Amtennas and Wireless Propagation Letters, Vol. 4, pp. 43-46, 2005.

[70] **A. Derode, A. Tourin, M. Fink**

Ultrasonic pulse compression with one-bit time reversal through multiple scattering, Journal of Applied Physics, Vol. 85, No. 9, pp. 6343-6352, 1999.

[71] **A. Derode, A. Tourin, M. Fink**

Limits of time-reversal focusing through multiple scattering : long-range correlation, Journal of the Acoustical Society of America, Vol. 107, No. 6, pp. 2987-2998, 2000.

[72] **A. Cozza**

Statistics of the Performance of Time Reversal in a Lossy Reverberating Medium, Physical Review E, Vol. 80, No. 5, 2009.

[73] **S. I. Rubinow, T. T. Wu**

First correction to the geometric-optics scattering cross section from cylinders and spheres, Journal of Applied Physics, Vol. 27, No. 9, pp. 1032-1039, 1956.

[74] **S. Girard, F. Paladian, R. Vernet, P. Bonnet, F. Mangeant, A. Maridet, V.Bérat, R. Seguin, R. Perrot**
PICAROS program : reproducibility validation of radiated immunity and emission measurements in Mode Stirred Reverberation Chamber (MSRC), 16th International Zurich Symposium on Electromagnetic Compatibility, 2005.

[75] **A. Silve, B. Al-Saker, T. Ivorra, L. M. Mir**
Comparison of the effects of the repetition frequency between micropulses and nanopulses by means of bioimpedance of biological tissues, Biœlectrics 2011, 2011 International Bioelectrics Symposium, Toulouse, France, 2011

[76] **A. Cozza**
Increasing peak-field generation efficiency of reverberation chamber, Electronics Letters, Vol. 46, No. 1, 2010.

[77] **Série de Taylor**
URL : http ://fr.wikipedia.org/wiki/Série_de_Taylor.

www.ingramcontent.com/pod-product-compliance
Lightning Source LLC
Chambersburg PA
CBHW021042210326
41598CB00016B/1079